INTRODUCCIÓN AL MUNDO CUÁNTICO

De la danza de las partículas a las semillas de las galaxias

DAVID JOU

INTRODUCCIÓN AL MUNDO CUÁNTICO

De la danza de las partículas
a las semillas de las galaxias

PASADO & PRESENTE
BARCELONA

PRÓLOGO

La física cuántica es una de las joyas de la corona de la ciencia y uno de los hitos culturales de nuestra época. Nace como un intento particular por comprender la naturaleza profunda de la luz y desemboca en una visión nueva y general de nuestra relación con el mundo físico y en una perplejidad sobre la entidad básica del mundo. A su vez, un gran número de personas ajenas a la física se sienten atraídas por el poder, el misterio, la sorpresa, la radicalidad de cuestionamiento de la física cuántica. El poder de fascinación que la mecánica newtoniana ejerció en la Europa culta e ilustrada de los siglos XVIII y XIX lo ejerce hoy, a escala mundial y a nivel relativamente popular, la física cuántica. El número de obras de divulgación sobre este tema es muy grande, y asimismo el ritmo de publicación.

Para los que amamos la física como un análisis de fenómenos muy diversos, como una trama de conexiones, como una síntesis sutil y esencial de la dinámica del mundo, como un diálogo con la naturaleza, como una disciplina del pensamiento, como un estímulo artístico y cultural, la física cuántica tiene un atractivo especialmente poderoso, por su capacidad de desbordar lo conocido y de sorprendernos con respuestas que son, a su vez, nuevas preguntas inquietantes.

He intentado que este libro refleje la enorme eficacia práctica de la física cuántica, su incidencia en muchos de los dispositivos que rodean nuestras vidas cotidianas, su impacto multimillonario en las economías avanzadas, su dinamismo avasallador en la apertura de nuevos horizontes tecnológicos, y también sus sorpresas conceptuales, sus paradojas sobre la realidad, sus problemas abiertos, e incluso aquello que tiene de gloria y aventura de la creatividad humana. Por ello, enfoco la presentación en dos partes: la primera está dedicada a los éxitos conceptuales y prácticos de la física cuántica, que son los que le otorgan la autoridad y el crédito que merece, y la segunda a las sorpresas y paradojas de su visión de la realidad, que son las que le proporcionan su inquietante atractivo intelectual. He encabezado cada parte con una brevísima sección en que destaco las cinco principales ideas que subyacen a cada una: creo que ese resumen ayudará a la lectura de cada parte y, una vez terminada esta, será útil como repaso.

Es necesario reconocer que a menudo se ha tratado la física cuántica con una notable exageración: se la ha envuelto en retórica, se han dado por ciertos resultados teóricos sin confirmación experimental, se le han atribuido resonancias espirituales y psicológicas que desbordan su ámbito... Procuraré combinar el entusiasmo con la prudencia, sin rehuir las sugerencias y analogías de todo tipo que pueda suscitar, pero sin atribuirles carácter absoluto y definitivo.

En la primera parte proporciono, en letras cursivas, algunos detalles históricos sobre los orígenes de sus ideas principales, ligándolas con las personas y los lugares donde se manifestaron, en una exploración sobre la faceta humana de la investigación. También he procurado que las aplicaciones reflejaran la rápida marcha de la tecnología. Más del treinta por ciento del producto industrial de Europa y los Estados Unidos está relacionado con objetos surgidos, más o menos directamente, de la física cuántica: aparatos electrónicos, ordenadores, láseres, CD, DVD, Blu-ray, televisores, radios, teléfonos móviles, cámaras digitales, células fotovoltaicas, diodos emisores de luz...

En la segunda parte exploro las sorpresas conceptuales, las paradojas a que conduce la visión cuántica del mundo, y que resul-

tan tan llamativas y profundas que suponen una verdadera revolución cultural y filosófica. Partículas y ondas no son realidades incompatibles, sino complementarias. Mientras no se la observa, una partícula está en todas partes a la vez. Se tiene a la vez A y no A: una afirmación y su opuesta. Los sistemas que han interaccionado siguen vinculados por mucho que se alejen el uno del otro. La física clásica partía de un presupuesto realista: las propiedades que medimos existen anteriormente a la realización de la medida, y existirían aunque nadie las midiera. En cambio, en la física cuántica, el proceso de medida altera profundamente el sistema, da realidad concreta a propiedades no propiamente definidas antes de la medida, e involucra al observador en aspectos relevantes del mundo, sin permitirle mantenerse al margen.

He organizado el libro en veinte capítulos breves y directos, de manera que la sola lectura del índice pusiera de manifiesto la diversidad de facetas de la teoría cuántica, y que en pocas páginas se tuviera una idea de sus aspectos más relevantes. Lo he titulado Introducción al mundo cuántico *porque la voluntad del libro es introductoria, y porque la física cuántica, más allá de sus diversas especialidades concretas, da una visión sorprendente del mundo. Lo he subtitulado* De la danza de las partículas a las semillas de las galaxias *para subrayar la estrecha relación entre microcosmos y macrocosmos, tan ligados entre sí en la cosmología cuántica, en las etapas iniciales del universo y en la formación de los núcleos atómicos en las estrellas. Danza y semilla no son palabras escogidas al azar: en las interpretaciones actuales, las fluctuaciones de densidad que iniciaron la formación de las galaxias primitivas —y actuaron, pues, como semillas de agregación— tienen origen cuántico, y el movimiento de las partículas no es visto como trayectorias nítidas y deterministas, sino como superposición e interferencia de caminos diversos y de historias simultáneas —y de ahí la palabra danza—.*

Además de haber enseñado en muchas ocasiones una breve introducción a la física cuántica en la Facultad de Ciencias de la

Universitat Autònoma de Barcelona, tuve la interesante experiencia de poder dar durante varios años un curso introductorio sobre esta materia en la Facultad de Filosofía y, posteriormente, una asignatura de campus sobre introducción a la ciencia, donde también la cuántica aparecía en lugar destacado —con la relatividad, la cosmología, la biología molecular, la evolución y la neurobiología—.

La diversidad de miradas con que se contemplaban las mismas cuestiones me sorprendió y enriqueció. Así, por ejemplo, en tanto que los estudiantes de física preguntaban por las condiciones de integrabilidad de una ecuación diferencial, o por los resultados concretos de las medidas sobre efecto túnel cuántico y algunas de sus aplicaciones tecnológicas, los estudiantes de filosofía preguntaban si el principio de complementariedad de Bohr era kantiano o positivista. Los diversos tipos de preguntas me ayudaron a aprender y a pensar.

Agradezco a mis estudiantes y a mis colegas de la UAB y al público de mis conferencias, que a lo largo de tantos años, con sus diversas preguntas, inquietudes y paradojas, me hayan estimulado a ir más allá de lo que creía comprender y a cuestiones que tal vez sin ellos no me habría planteado. Y agradezco al editor, Gonzalo Pontón, que hace más de veinticinco años me encargó traducir el primer libro de Stephen Hawking, tan atractivo para mí, que me haya confiado ahora la tarea de intentar explicar a un público más amplio qué es la física cuántica.

David Jou
Marzo de 2012

LA EFICACIA DE LA FÍSICA CUÁNTICA: PRESENCIAS CUÁNTICAS EN LA VIDA COTIDIANA

CINCO IDEAS

1) Las ondas tienen asociados aspectos corpusculares: intercambian su energía en múltiplos de un cuanto de energía, dado por la constante de Planck multiplicada por la frecuencia de la onda. Las partículas tienen asociados aspectos ondulatorios, caracterizados por una longitud de onda dada por la constante de Planck dividida por la cantidad de movimiento (que es la masa multiplicada por la velocidad). La constante de Planck, pues, juega un papel central en la física cuántica. Si fuera nula, los aspectos cuánticos desaparecerían.

2) En los sistemas físicos confinados en un espacio finito la energía, velocidad lineal, velocidad angular, momento magnético y otras magnitudes no pueden tener valores arbitrarios, sino cuantizados.

3) Al pasar de un nivel energético a otro, los sistemas emiten —o absorben— un cuanto de radiación, cuya frecuencia característica viene dada por la diferencia de energías dividida por la constante de Planck. Ello ocurre, por ejemplo, con los electrones en los átomos, con los protones y neutrones en los núcleos atómicos, con los electrones y agujeros en los semiconductores, con los imanes en un campo magnético.

4) Las ondas asociadas a las diversas partículas de un sistema interfieren entre sí y, a bajas temperaturas, pueden dar al sistema un comportamiento coherente —unísono, organizado, reforzado— de todas sus partes, que anulan su resistencia a los movimientos internos y le proporcionan una conductividad eléctrica o térmica extraordinariamente elevada.

5) Los efectos anteriores permiten comprender la estructura de átomos, núcleos atómicos y moléculas y las relaciones entre partículas elementales y son la base de una riquísima tecnología con un alto impacto social: electrónica en general (radios, televisores, ordenadores, teléfonos móviles), láseres, cámaras digitales, células fotoeléctricas, células fotovoltaicas, diodos emisores de luz, superconductores, discos compactos CD, DVD y Blu Ray, fibras ópticas, centrales nucleares, armas nucleares, radioterapia, resonancia magnética nuclear...

I

SALTOS DE LUZ
La primera década: Planck, Einstein, Nernst

Se puede situar el instante inicial de la física cuántica en el atardecer del domingo siete de octubre de 1900, en Berlín. El matrimonio Planck ha tenido como invitados al matrimonio Rubens. Heinrich Rubens es un experto en radiación infrarroja, y durante la comida se ha hablado, entre otros temas, de algunas medidas recientes de esta radiación. Ello interesa mucho a Planck, que había deducido una expresión de la distribución de energía de la radiación en diferentes longitudes de onda. Durante la comida, se da cuenta de la discrepancia entre los recientes datos de infrarrojos y su teoría. Al atardecer, cuando la visita ya se ha despedido, Planck intuye una solución a dicha discrepancia. Tras unos pocos cálculos obtiene una nueva expresión teórica para la distribución de radiación. Al día siguiente, la compara con los resultados experimentales. El acuerdo es plenamente satisfactorio.

Seguirán las trece semanas más intensas de su vida. En la sesión del 19 de octubre de 1900 de la Sociedad Alemana de Física, Planck presenta su expresión, pero admite no saberla interpretar. A mitades de noviembre intuye la explicación, que presenta a la Sociedad Alemana de Física el 14 de diciembre —fecha oficial del nacimiento de la física cuántica—. Su interpretación, no muy de su agrado conceptualmente pero matemáticamente satisfactoria, es que la radiación no puede ser emitida de forma continua, en cantidades arbitrarias, sino tan solo en múltiplos de una cantidad concreta, dada por el producto de una constante, h, *por la frecuen-*

cia de la radiación f. A esta cantidad elemental de energía, Planck la denominará «cuanto». Nace así la física cuántica, aunque nadie es capaz, en aquel momento, de intuir su alcance físico ni su impacto intelectual.

La naturaleza física de la luz

Uno de los grandes temas de la física como ciencia matemática de la naturaleza es la constitución y el comportamiento de la luz. Muchos científicos, entre los cuales Newton, supusieron que estaba constituida por partículas diminutas emitidas por los cuerpos luminosos, y que diferentes colores correspondían a partículas de formas diferentes. Una alternativa defendida por físicos como Huygens, era que la luz está constituida por ondas, como el sonido, y que colores diferentes corresponden a longitudes de onda diferentes.

Las dos posibilidades estuvieron abiertas hasta que en 1800 los estudios de Thomas Young sobre la interferencia de la luz concluyeron que la luz está formada por ondas. Pero, ¿por qué tipo de ondas? Hasta 1865 no se supo que la luz es un caso particular de ondas electromagnéticas. Esto es un resultado de los estudios de James Maxwell sobre la unificación de las interacciones eléctrica y magnética en una sola interacción electromagnética, a la cual corresponden unas ondas que se propagan precisamente con la velocidad de la luz.

Pero la luz es solo un caso particular de onda electromagnética, que los ojos pueden captar. Nuestros ojos captan radiación cuyas longitudes de onda están comprendidas entre 450 nm y 700 nm (nm significa nanómetro, una millonésima de milímetro), gracias a unos pigmentos fotosensibles que hay en la retina. La radiación de 450 nm corresponde al color violeta y la de 700 nm al color rojo. Otros animales captan colores ligeramente diferentes, porque tienen otros pigmentos fotosensibles. La gran mayoría de ondas electromagnéticas nos resultan invisibles: las de longitud de onda mayor que la del color rojo —infrarrojas, microondas, radioondas—, y las de longitud de onda menor que la del color violeta —ultravioleta, rayos X, rayos gamma.

La radiación del cuerpo negro

La emisión de radiación electromagnética por los cuerpos calientes —estrellas, hornos, metales al rojo o al blanco, o incluso nuestro cuerpo— en función de la temperatura es un tema de gran importancia en astrofísica, metalurgia, meteorología, y biofísica. En particular, hacia finales del siglo XIX el desarrollo de la astrofísica y del incipiente alumbrado eléctrico incrementó el interés por la relación entre la radiación electromagnética y la temperatura de los cuerpos que la emiten, en concreto qué cantidad de radiación se emite por unidad de tiempo y de área en función de la temperatura y de la longitud de onda.

Este problema tomó cuerpo teórico en 1859, cuando Gustav Kirchhoff dedujo que la distribución de radiación electromagnética radiada por cualquier cuerpo negro —que absorbe y reemite perfectamente radiación— en función de la longitud de onda es una función universal de la temperatura. Obtener esta función se fue convirtiendo en un reto a medida que la física de la radiación iba avanzando.

En 1879, Jozef Stefan halló que la potencia total irradiada por un cuerpo es proporcional a la cuarta potencia de su temperatura absoluta (es decir, contada desde el cero absoluto, que se halla a —273,15 grados Celsius). Cinco años después, Ludwig Boltzmann justificó teóricamente este resultado combinando la termodinámica con la teoría electromagnética. Ese éxito fue el estímulo para que el joven Planck dirigiera su atención a la radiación, de modo que en 1900, cuando llega a su gran resultado, hace ya dieciséis años que trabaja en el tema. El gran problema teórico consiste en que, según la física clásica, la potencia emitida debería crecer sin límite a medida que la longitud de onda disminuye, conduciendo a una potencia total infinita.

En 1893, Wilhelm Wien propone una ley de distribución que supera este inconveniente. En 1899, Max Planck consigue deducir la distribución de Wien. Dicha distribución, satisfactoria para la luz visible, falla en el dominio del infrarrojo lejano. Es este el problema que Planck resuelve entre octubre y diciembre de 1900. Su resultado es la llamada función de distribución de Planck para la intensidad de la radiación en función de la longitud de onda y, lo más importante, su interpretación en términos de la emisión de radiación en cuantos, es decir, en múltiplos de *hf*.

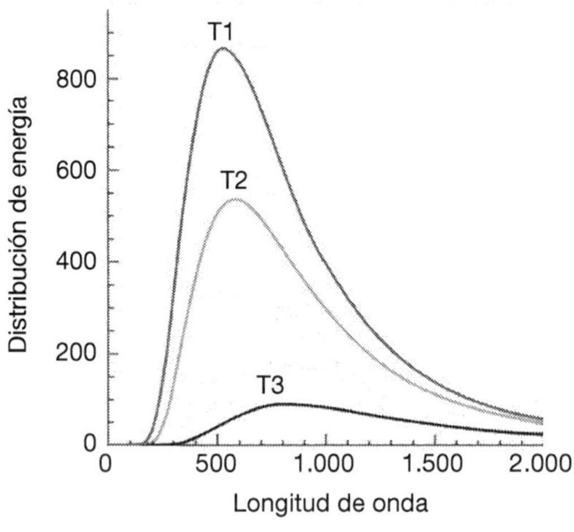

Figura 1.1. Distribución de Planck de la energía de la radiación electromagnética del cuerpo negro en función de la longitud de onda para tres valores de la temperatura ($T_1>T_2>T_3$). Obsérvese que para longitudes de onda pequeñas la distribución tiende a cero; en cambio, según la teoría clásica debería tender a infinito.

Física cuántica, estrellas y cambio climático

La ley de Wien afirma que la longitud de onda a la que se emite más radiación es inversamente proporcional a la temperatura absoluta del emisor. En particular, si la temperatura superficial de una estrella es de seis mil grados centígrados, como en el Sol, la longitud de onda en que más energía emite es de unos 500 nm, y si la temperatura fuera dos veces menor (o mayor), la longitud de onda sería dos veces mayor (o menor, respectivamente). Así pues, las estrellas azuladas (longitud de onda más pequeña) tienen temperaturas más elevadas que las estrellas rojizas (longitud de onda más larga).

Los pigmentos fotosensibles de los ojos, así como la clorofila y otros pigmentos vegetales, son especialmente sensibles a radiaciones cuya longitud de onda es vecina a la más emitida por el Sol. Si nos trasladáramos a las proximidades de una estrella cuya temperatura superficial fuera de unos cuatro mil grados, la radiación más emitida por ella sería de unos 750 nm, y nuestros ojos no serían capaces de verla, ni las plantas de la tierra la absorberían. Algo parecido ocurriría si nos trasladáramos alrededor de una estrella a ocho mil grados, en cuyo caso, la longitud de onda más emitida sería de unos 350 nm. En otras palabras, la física cuántica establece una conexión profunda entre los pigmentos fotosensibles de los seres vivos de un planeta y la temperatura superficial de la estrella respectiva.

Otra consecuencia se da en la meteorología: el hecho de que la radiación emitida por el Sol tenga una longitud de onda predominante de unos 500 nm, que no es absorbida por la atmósfera, permite que la luz del Sol penetre hasta la superficie de la Tierra, donde es absorbida y emitida de nuevo en forma de radiación infrarroja, de unos 10.000 nm, hacia la atmósfera, donde sí es absorbida parcialmente. Ello implica que la parte de la atmósfera cercana a la Tierra se calienta desde abajo, pese a que la fuente de calor, el Sol, está arriba. Que la atmósfera se caliente desde abajo supone un factor de inestabilidad —el aire más caliente es menos denso que el aire frío y tiende a subir— y hace que el aire tienda a estar en movimiento, dando lugar a vientos y tempestades.

Otra consecuencia de la ley de Wien es el efecto invernadero, sea en un invernadero de techo de cristal, sea en la misma atmósfera. La idea básica es que la luz que llega, de longitud de onda corta, atraviesa el vidrio o la atmósfera, pero la radiación reemitida por el suelo no puede hacerlo. En concreto, el efecto invernadero terrestre se refiere al calentamiento de la atmósfera si aumenta la concentración de algunos gases como el anhídrido carbónico CO_2 o el metano CH_4, que absorben radiación infrarroja. En ausencia de esos gases, la radiación infrarroja emitida por la Tierra calentaría ligeramente la atmósfera desde abajo, pero abandonaría con facilidad la atmósfera y sería reemitida al espacio exterior. Así, la potencia total recibida por la Tierra desde el Sol sería reemitida al espacio exterior y la temperatura del planeta se mantendría constante. Ahora bien, moléculas como CO_2 y CH_4 captan buena parte de la radiación emitida por la Tierra, y la vuelven a enviar hacia abajo, de manera que incrementan el calentamiento de la atmósfera. Obviamente, si la concentración de esos gases aumenta, aumentará la temperatura de la atmósfera, con una multitud de efectos sobre el clima terrestre —más sequía en latitudes medias, más fluctuaciones y episodios extremos de frío y calor, de lluvias y vendavales, un descongelamiento de zonas planetarias de latitud elevada, como el Océano Ártico...— cuyas consecuencias para la humanidad son un gran tema de debate científico y social.

Berna 1905: Einstein y el efecto fotoeléctrico

El 12 de marzo de 1905, Albert Einstein, un joven físico empleado en la oficina de patentes de Berna, y que dos días después cum-

plirá veintiséis años, envía a la revista Annalen der Physik *un artículo sobre la naturaleza discreta de la radiación electromagnética. Su trabajo pone de manifiesto que, desde el punto de vista termodinámico, la radiación electromagnética puede ser interpretada como un gas de partículas de energía* hf. *Como ilustración de las consecuencias de este resultado, lo aplica al efecto fotoeléctrico y a dos efectos más (fotoionización y fosforescencia).*

A primera vista, ese trabajo parece coincidir con el resultado de Planck, pero en realidad lo amplía considerablemente. Planck solo se refería a los procesos de emisión. Einstein, en cambio, se refiere a emisión, absorción y transmisión de la luz. Por ello, Planck cree que la propuesta de Einstein es precipitada y errónea, y la criticará en varias ocasiones. Sin embargo, será Einstein quien tendrá razón y, dieciséis años más tarde, recibirá el premio Nobel de Física por ese trabajo, una vez sus predicciones hayan sido corroboradas experimentalmente.

Figura 1.2. Max Planck y Albert Einstein, los dos iniciadores de la teoría cuántica, en una fotografía de 1925.

El efecto fotoeléctrico

El efecto fotoeléctrico —descubierto en 1887— consiste en que la luz, al incidir sobre un metal, le arranca electrones, si su frecuencia es suficientemente elevada. Se observa que un aumento de la intensidad de la radiación incrementa el número de electrones arrancados por unidad de tiempo, pero no la energía con que abandonan el metal. Se observa, asimismo, que si la frecuencia es demasiado pequeña, la radiación no consigue arrancar electrones, por mucho que se aumente su intensidad. Esas observaciones resultan incomprensibles en la teoría ondulatoria de la luz, según la cual, si se aumentara suficientemente la intensidad de la radiación, debería ser posible arrancar electrones aunque la frecuencia fuera pequeña.

Einstein constata que la radiación puede ser considerada como partículas de energía hf, que llamaremos fotones —en realidad, ese nombre no será utilizado hasta 1923, cuando Compton estudie las colisiones de los fotones contra electrones libres y compruebe que, además de energía, también tienen una cantidad de movimiento bien definida—. Einstein supone que si un electrón del metal capta un fotón, con una parte de la energía ganada paga un peaje energético para salir del metal —peaje que depende del metal— y se aleja de él con

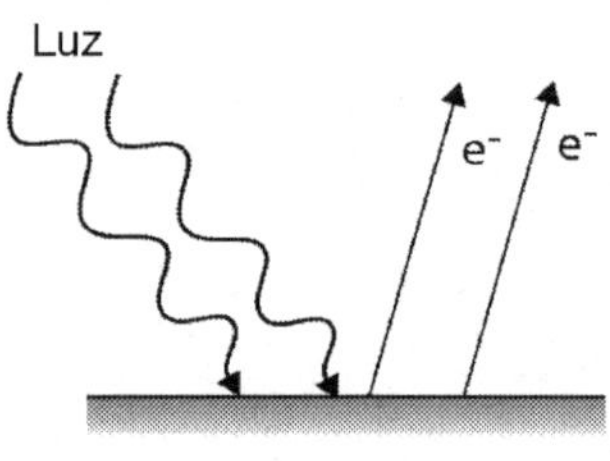

Figura 1.3. Efecto fotoeléctrico: luz de longitud de onda suficientemente corta arranca electrones de los metales; los electrones pueden absorber la energía de un fotón y, con ella, escaparse del metal.

la energía restante. Así, Einstein relaciona la energía de los electrones salientes con la frecuencia de la radiación incidente. Si la frecuencia es tan pequeña que la energía de los cuantos es menor que el peaje energético necesario para arrancar el electrón, no será posible arrancar electrones.

Aumentar la intensidad de la luz significa aumentar el número de fotones que llegan al metal por unidad de tiempo, por lo cual se arrancarán más electrones. Con ello, Einstein da una explicación muy simple del fenómeno, que tardará todavía diez años en ser corroborada experimentalmente, ya que en 1905 aún no se conoce ni la masa ni la carga del electrón. Actualmente se estudian algunas modificaciones de la relación de Einstein a intensidades luminosas muy elevadas, que permitirían que, en algunas ocasiones, un electrón absorba dos fotones, cosa que Einstein supuso muy improbable a las intensidades accesibles en su época.

Aplicaciones del efecto fotoeléctrico: de detectores sencillos a cámaras digitales

El efecto fotoeléctrico tiene muchas aplicaciones. Las más conocidas son las células fotoeléctricas, utilizadas en detectores de luz: un fino haz luminoso incide sobre una lámina metálica y le arranca electrones, que son captados por una placa positiva. Si el haz luminoso es interrumpido, se detiene el flujo de corriente eléctrica, lo cual puede disparar una alarma, abrir una puerta, contar el número de personas que circulan por un pasillo o efectuar alguna otra acción. O bien, la célula fotoeléctrica puede estar abierta a la luz del ambiente y, cuando esta se hace demasiado tenue, en el crepúsculo o en un día nublado, puede encender el alumbrado.

Otra aplicación del efecto fotoeléctrico son los fotomultiplicadores, que pueden detectar intensidades muy tenues de luz. Para ello, se fabrica una célula fotoeléctrica con un material del cual los fotones que nos interesan puedan arrancar electrones; a continuación, el electrón arrancado se acelera fuertemente, mediante un campo eléctrico; ese electrón energético es fácil, entonces, de detectar. Con esas técnicas se pueden observar fuentes muy tenues, por ejemplo, estrellas lejanas en astronomía, y se puede conseguir visión en infrarrojo, utilizada por los ejércitos o los servicios de salvamento en operaciones nocturnas. En efecto, la mayoría de los objetos que nos rodean emiten radiación infrarroja, incluso durante la noche. Para captarla, se selecciona un material cuyos electrones puedan ser arrancados por los fotones de luz infrarroja, y se los acelera, de modo que al incidir sobre una pantalla puedan producir una imagen visible.

En la fotografía digital se transforma una señal luminosa en una señal eléctrica, de diferente energía según el diferente «color» de los fotones. El resultado de esas señales eléctricas puede ser almacenado en una memoria informática, grabando así una imagen. La fotografía digital ha desplazado a la fotografía convencional, de base físicoquímica, por la comodidad de sus prestaciones: posibilidad de ver inmediatamente el resultado, de almacenar miles de fotografías en una memoria diminuta, de poder enviar inmediatamente el resultado a otras personas. Una versión sofisticada de esos efectos son los dispositivos CCD (*coupled charged devices*), que pueden lograr una sensibilidad refinadísima a la luz, que los hace especialmente útiles en astronomía (premio Nobel de Física de 2009 para sus descubridores: Charles Kuen Kao, Willard S. Boyle y George E. Smith).

Las colisiones de los fotones contra electrones libres hacen que los fotones emitidos desde la parte central del Sol tarden más de mil años en poder salir de este, a causa de sus constantes choques contra los electrones libres del denso gas hidrógeno ionizado del interior del Sol. Si bien el fotón siempre se desplaza con la velocidad de la luz, sus numerosos choques hacen que cambie continuamente de dirección, avanzando y retrocediendo, y que el tiempo de su trayectoria se alargue muchísimo en comparación con el que habría empleado en realizar el camino sin obstáculos.

Zurich 1907: Einstein y los calores específicos

En 1907, Albert Einstein, entonces profesor ayudante en la Universidad de Zurich, realiza otra aportación capital a la naciente física cuántica: la aplica a la materia, en lugar de a la radiación. Si la energía de una oscilación electromagnética está cuantizada, tal vez se podría suponer lo mismo de las oscilaciones de los átomos en los cristales. En efecto, en los cristales los átomos están situados en posiciones regulares y oscilan alrededor de ellas tanto más cuanto mayor es la temperatura. En la teoría clásica, esa idea conduce a un calor específico de los sólidos independiente de la temperatura. Si bien ello es corroborado experimentalmente a temperatura ambiente para muchos tipos de cristales, se observa que para temperaturas suficientemente bajas el calor específico disminuye, y tiende a cero cuando las temperaturas se acercan al cero absoluto.

Einstein demuestra que si en lugar de la teoría clásica de las vibraciones atómicas se aplica la teoría cuántica, los resultados de la teoría se aproximan mucho a los valores observados a cualquier temperatura. Hasta entonces, la teoría cuántica se limitaba a la radiación electromagnética. Con el nuevo resultado de Einstein, la teoría también se aplica a la materia, y gana en generalidad, cosa que atraerá a numerosos investigadores. Más aún, como Einstein se refiere a las vibraciones de la materia, será lógico aplicar las ideas cuánticas a las vibraciones de los átomos en las moléculas o, incluso, a las vibraciones de los electrones en los átomos, ideas que conducirán a la física atómica y molecular.

La física cuántica y los calores específicos

La física cuántica establece que las oscilaciones, no tan solo electromagnéticas sino también mecánicas —péndulos, muelles—, deben estar cuantizadas, cosa que se pone de manifiesto, sobre todo, a bajas temperaturas, con un descenso del valor de los calores específicos. En la vida cotidiana, los efectos cuánticos en los calores específicos de los sólidos son prácticamente irrelevantes, pero son perceptibles en los de los gases. En concreto, el calor específico del oxígeno y del nitrógeno —cuyas moléculas están constituidas por dos átomos— es de siete calorías por grado y por mol, a presión constante, en lugar de las ocho calorías por grado y por mol predichas por la física clásica. Así, calentar el aire de una habitación es un trece por ciento más barato en la física cuántica que en la física clásica.

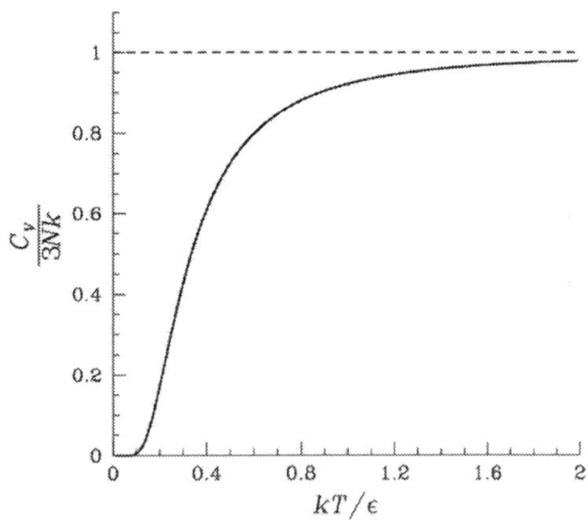

Figura 1.4. Dependencia del calor específico de los sólidos (eje vertical) en función de la temperatura absoluta (eje horizontal), según la teoría de Einstein. A diferencia de la teoría clásica, la teoría cuántica predice que el calor específico tiende a cero cuando la temperatura absoluta tiende a cero.

Bruselas 1911: la Conferencia Solvay, la puesta de largo de la física cuántica

El artículo de Einstein de 1907 es descubierto en 1909 por Walther Nernst, profesor en la Universidad de Berlín, uno de los químicos más influyentes de Alemania. En 1906, Nernst había propuesto el tercer principio de la termodinámica, del cual se deduce que el calor específico de cualquier sustancia debe tender a cero cuando la temperatura absoluta tiende a cero. Sin embargo, la teoría clásica predice que el calor específico no depende de la temperatura.

Al encontrar el artículo de Einstein, la excitación de Nernst es tan grande que va a Zurich para visitarle. Los colegas de Einstein no salen de su asombro: ¿por qué una de las máximas personalidades científicas se toma la molestia de ir a visitar a un profesor joven y casi desconocido —pese a sus decisivos pero todavía poco conocidos trabajos sobre la relatividad especial, el efecto fotoeléc-

Figura 1.5. Asistentes a la Conferencia Solvay de 1911 en Bruselas, presentación pública de la física cuántica. Sentado, a la izquierda, está Nernst, al lado de Lorentz y de Solvay; de pie, a la derecha, Langevin y Einstein; sentados, a la derecha, Poincaré y Madame Curie.

trico y el movimiento browniano, de 1905?—. Nernst conversa con Einstein sobre la teoría cuántica. En pocas horas queda convencido de hallarse ante una auténtica revolución científica, cosa que ni Einstein, ni mucho menos Planck, habían considerado. Es más: el propio Nernst generaliza la idea de Einstein a las vibraciones y rotaciones moleculares.

Como consecuencia de ese encuentro, Nernst propone al multimillonario belga Ernest Solvay la realización de una conferencia en Bruselas que reúna a una veintena de los físicos y químicos de mayor prestigio de Europa para hablar de la física cuántica, pese a las reticencias de Planck, que creía que la teoría apenas interesaba a media docena de científicos. La veintena de eminencias invitadas al coloquio es impresionante: Einstein, Planck, Mme. Curie, Poincaré, Wien, Lorentz, Langevin, Rutherford... La reunión tuvo lugar en el Hotel Metropol de Bruselas la última semana de octubre de 1911. La física cuántica no podía hallar mejor presentación en sociedad. Además, algo grande estaba a punto de llegar con la aplicación de la física cuántica a la descripción de los átomos.

2

ÓRBITAS ATÓMICAS
Los inicios de la física atómica: Bohr, Sommerfeld, Schrödinger

Desde hace más de dos mil quinientos años, la estructura fundamental de la materia ha intrigado y fascinado. Detrás de la diversidad de la materia perceptible, ¿hay algunos pocos principios simples, inmutables y universales? Tras la diversidad de materiales, ¿hay una combinación de unos pocos elementos básicos? Algunos ejemplos de este interés son la teoría griega de los cuatro elementos —fuego, aire, tierra, agua— como principios constitutivos de toda la realidad material, los intentos de reducir la diversidad de la materia a un solo principio material —el agua en Tales, el aire en Anaxímenes, el ápeiron o indeterminado en Anaximandro—, las propuestas atomistas de Demócrito, Epicuro o Lucrecio, la matematización de los átomos de los cuatro elementos en poliedros regulares por parte de Platón, y la convicción de los alquimistas de que todos los metales eran mezcla de unas pocas materias, de modo que era posible conseguir oro combinando adecuadamente los principios materiales básicos.

El concepto de átomo surgió del pensamiento filosófico griego, como manera ingeniosa de combinar el ser y el devenir, lo inmutable y lo mutable: los átomos —«sin partes»: partículas diminutas e indivisibles— constituirían lo inmutable, lo eterno; sus combinaciones diversas, cambiantes, más o menos efímeras, darían razón de la multiplicidad y variabilidad de la materia. La hipótesis atómica tiene altibajos a lo largo de la historia, que no examinaremos aquí. Nos situaremos directamente en la aportación de la física cuántica.

Átomos y radiaciones

En 1897, J. J. Thomson descubre, en Cambridge, la existencia de los electrones y su presencia en los átomos. A partir de entonces el átomo ya no es considerado indivisible. Los átomos pueden emitir o absorber radiaciones electromagnéticas de frecuencias características, cuyo conjunto se denomina «espectro de emisión» —o «espectro de absorción» en el caso de las radiaciones absorbidas—. Las frecuencias del espectro de absorción son las mismas que las del de emisión: en otras palabras, si un átomo es capaz de emitir radiación de una frecuencia dada, es capaz de absorber radiación de la misma frecuencia.

Al pasar por un prisma la luz emitida, cada frecuencia de radiación se visualiza como una «línea espectral». En el caso de la emisión, se calienta un gas hasta que emite luz, se hace pasar la luz por un prisma —o una red de difracción— que separa los colores. En lugar de ver todos los colores del arco iris, se ven tan solo unas pocas líneas de colores característicos. En el caso de la absorción, el gas se mantiene frío y se hace pasar a través de él luz blanca: al descomponer en un prisma la luz que ha atravesado el gas, se observan los colores del arco iris, salvo unas líneas oscuras, que corresponden a las radiaciones absorbidas.

Esas líneas oscuras habían sido descubiertas por Josef von Fraunhofer en 1814 al observar con detalle la luz del Sol descompuesta por un prisma. Hacia 1860, Robert Bunsen y Gustav Kirchhoff, en la Universidad de Heidelberg, observaron que calentando materiales se obtenían líneas brillantes que dependían del material y que se correspondían con las líneas oscuras de su espectro de absorción. Como cada átomo está ca-

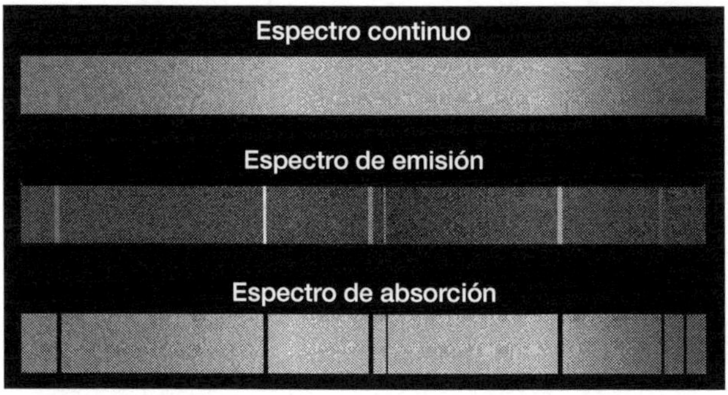

Figura 2.1. De arriba abajo, espectro continuo, líneas brillantes del espectro de emisión, y líneas oscuras del espectro de absorción.

racterizado por un conjunto de líneas —en eso se inspira el código de barras que caracteriza los objetos de los comercios— observar las líneas oscuras en la luz emitida por una estrella permite conocer qué gases hay en ella.

Uno de los problemas planteados desde el descubrimiento de que los átomos contienen electrones es averiguar qué relación tienen estos con las radiaciones emitidas o absorbidas. La pregunta resulta natural, ya que según la teoría electromagnética, las vibraciones de las cargas eléctricas emiten radiaciones. Los electrones que oscilen dentro de un átomo deberían pues emitir radiaciones. ¿Habría alguna manera de deducir qué frecuencias emite cada tipo de átomo, a partir de las vibraciones de sus electrones?

Dos modelos para la estructura atómica

Esta pregunta estimuló el interés por la estructura atómica. Thomson propuso un modelo —llamado modelo del pastel de pasas o de ciruelas— en que los electrones serían partículas en una atmósfera esférica de carga eléctrica positiva, en cuyo interior podrían moverse y oscilar. Los intentos de relacionar las vibraciones de los electrones con las frecuencias espectrales fueron, sin embargo, infructuosos.

Una pregunta natural sobre la estructura atómica era cómo están distribuidas las cargas negativas dentro del átomo. ¿Están repartidas uniformemente? ¿Se acumulan en la zona central? Para ello, Ernest Rutherford —premio Nobel de Química de 1908 por su identificación como núcleos de helio de las partículas alfa emitidas por núcleos radiactivos— llevó a cabo en Manchester, junto con Geiger y Marsden, experimentos consistentes en lanzar partículas alfa contra una lámina muy fina de oro. A partir de las desviaciones de dichas partículas esperaba hallar la distribución de cargas eléctricas en el átomo.

Y así fue, efectivamente, pero con un resultado inesperado: la carga positiva debía de estar acumulada en un volumen muy pequeño en el centro del átomo, y los electrones debían girar a su alrededor. Rutherford propuso, pues, un modelo planetario para el átomo: en su centro, un núcleo pesado y eléctricamente positivo; a su alrededor, girando en órbitas, los diversos electrones. Lo más sorprendente del modelo era que el átomo ¡estaba prácticamente vacío! En efecto, el núcleo atómico viene a ser, con respecto al átomo, como una cabeza de aguja en el centro de un estadio, por cuyas gradas girarían los electrones. La materia sólida, rígida, contundente, era una ilusión de los sentidos, y lo que dominaba la realidad era el vacío.

Pero Rutherford sabía que, según las leyes del electromagnetismo, su modelo de átomo era imposible, ya que los electrones, en su rotación, deberían emitir radiación electromagnética, lo cual les haría perder energía y caer hacia el núcleo en milésimas de segundo. Él mismo confesó su perplejidad al presentar su propuesta a la Royal Society. La cuestión de la estructura atómica se había convertido en un problema candente para la física.

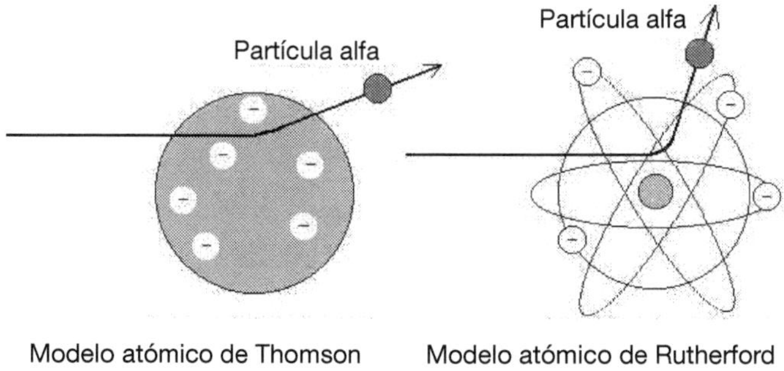

Figura 2.2. El modelo atómico de Thomson y el de Rutherford y sus consecuencias en las desviaciones de las partículas alfa lanzadas contra ellos.

De hecho, una imagen planetaria de los átomos ya había sido propuesta hacia 1830; en las primeras ideas, el átomo mantenía su coherencia gracias a la atracción gravitatoria. Aunque no se sabía que el átomo tuviera partes, la idea resultaba sugerente como resonancia entre el microcosmos y el macrocosmos. Hacia 1871, Weber sugirió un átomo planetario formado por partes positivas y negativas y mantenido por fuerzas electrostáticas. En 1904, Nagaoka imaginó un átomo parecido a Neptuno, con los electrones girando a su alrededor como un disco plano, y dedujo a partir de él un conjunto discreto de líneas espectrales.

Manchester, junio de 1912: Niels Bohr y la estructura atómica

En 1910, Niels Bohr, un joven danés recientemente doctorado en la Universidad de Copenhague, llega a Cambridge para ampliar sus estudios en física. Thomson le sugiere algunos trabajos experimentales, que no le satisfacen. En una visita a unos amigos de sus padres, en Manchester, conoce a Rutherford, que acaba de llegar de la Conferencia Solvay de Bruselas, muy excitado por la física cuántica. Bohr llega en buen momento, justo cuando acaba de surgir el modelo planetario del átomo, insostenible en la física clásica.

Bohr se pregunta si la física cuántica podría suministrar alguna explicación para la estructura atómica. Desde el trabajo de Einstein sobre las vibraciones de los átomos en los cristales, algunos investigadores habían aplicado la física cuántica a las oscilaciones de la materia. Ahora, él la aplica a la rotación de los electrones alrededor del núcleo. Si el electrón emitiera luz continuamente, como lo supone la física clásica, debería caer inmediatamente hacia el núcleo. Bohr supone, en cambio, que hay unas órbitas privilegiadas en las que el electrón no emite radiación, y supone que solo la emite —o absorbe— al saltar entre dichas órbitas.

Esto se concreta en dos ideas muy simples. La primera establece que las órbitas privilegiadas son aquellas en que el producto de la masa por la velocidad por la longitud de la órbita es un múltiplo entero de la constante de Planck. A partir de ello se obtienen los radios y las energías de las órbitas permitidas. La segunda supone que cuando un electrón cae desde una órbita con mayor energía a una con menor energía, emite la diferencia de energías en un fotón cuya frecuencia f *está dada por la relación de Einstein y Planck,*

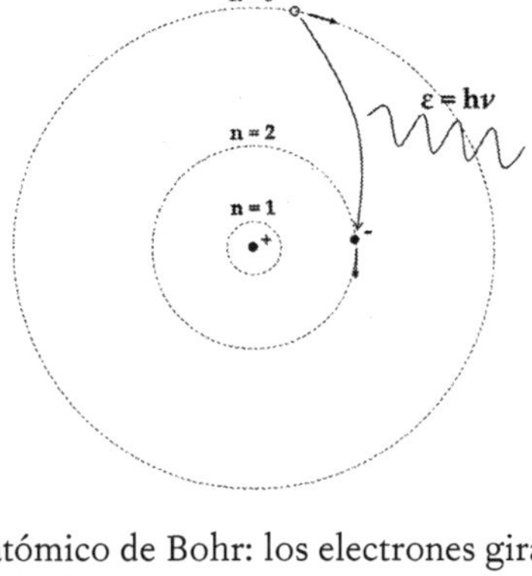

Figura 2.3. Modelo atómico de Bohr: los electrones giran alrededor del núcleo en órbitas de radios definidos por una condición cuántica; los electrones emiten o absorben luz, de frecuencia bien definida, cuando saltan de una órbita de más energía a una de menos energía, o viceversa.

es decir, hf. *A partir de ello, se obtienen las líneas espectrales del átomo de hidrógeno, el más sencillo —un protón en el centro y un electrón orbitando a su alrededor—. El resultado teórico concuerda excelentemente con los datos observados.*

El modelo de Bohr, publicado en junio de 1913 en la revista Philosophical Magazine, *pone la física cuántica en el centro de la investigación de frontera: la relaciona simultáneamente con la estructura de la materia y con la luz, no por separado, como habían hecho hasta entonces Planck y Einstein.*

La primera etapa de la física atómica: 1912-1926

Sin las restricciones de la física cuántica, la materia que conocemos no existiría: los electrones caerían a los núcleos atómicos en un tiempo brevísimo. Por ello, la física cuántica no es un embellecimiento accesorio de la física clásica, o una corrección que le permita mayor precisión, sino que forma parte de las condiciones mismas de la existencia de los átomos.

De hecho, el modelo de Bohr no es la primera aplicación de ideas cuánticas a la física del átomo. En 1910, en Viena, Arthur Haas ya había combinado ideas clásicas con ideas cuánticas para estimar el radio del átomo de Thomson. Su valor para dicho radio es prácticamente el obtenido por Bohr para el átomo de hidrógeno. En 1911, John Nicholson, en Cambridge, utiliza ideas cuánticas para obtener algunas líneas espectrales de color verde emitidas por las nebulosas, no conocidas en la Tierra. Para ello, había sido propuesto un nuevo elemento, el nebulio —en analogía con el helio, observado por primera vez a través de sus líneas espectrales en la luz del Sol, y descubierto en 1895 en la Tierra—. Nicholson suponía que el nebulio consistía en cuatro electrones en los vértices de un cuadrado que giraba alrededor de una diminuta esfera positiva. Combinando la electrostática clásica con algunas ideas cuánticas, Nicholson logró los valores de las frecuencias de las rayas emitidas. Aunque su teoría resultó incorrecta, se tardó aún veinte años en comprender que dichas líneas eran emitidas por átomos de oxígeno doblemente ionizados —es decir, átomos a los que han sido arrancados dos electrones—. A diferencia del helio, el nebulio resultó una ficción, pero contribuyó a la física cuántica, ya que Bohr fue estimulado por ese trabajo para aplicar hipótesis cuánticas al átomo de hidrógeno.

El éxito del modelo de Bohr en relacionar física cuántica, estructura atómica y espectro de emisión fue arrastrando a otros investigadores hacia ese campo naciente, donde abundaban los datos experimentales pero faltaban modelos teóricos. El modelo de Bohr también proporcionaba predicciones sobre la energía de ionización, es decir, la energía que se debe suministrar al átomo para arrancarle un electrón, y sobre el calor desprendido al combinarse electrones y protones para formar hidrógeno, datos bien conocidos experimentalmente y de gran interés en química.

El modelo de Bohr es bastante limitado, ya que estrictamente solo vale para átomos con un solo electrón —el hidrógeno, el helio ionizado una vez, el litio ionizado dos veces...— y en ausencia de campo magnético. En átomos con más de un electrón hay repulsiones entre los electrones, además de la atracción entre el núcleo y el electrón. Pese a esas dificultades, el modelo de Bohr abrió un camino prometedor sobre la materia, al que se lanzaron numerosos investigadores.

El grupo que más contribuyó al desarrollo de la nueva física atómica en esa etapa temprana fue el de Arnold Sommerfeld en Munich. Uno de sus progresos más relevantes fue el estudio de los efectos de un campo magnético sobre las líneas espectrales. En efecto, se había observado que en presencia de un campo magnético, algunas líneas se desdoblan en varias, la separación entre las cuales crece con el campo magnético. Ese

Figura 2.4. Ernest Rutherford, Niels Bohr, Arnold Sommerfeld, los iniciadores de la teoría atómica cuántica.

efecto se conoce como efecto Zeemann, ya que fue descubierto en 1896 por el físico holandés Pieter Zeeman (premio Nobel de Física de 1902 junto con Hendrik Lorentz) y permite, por ejemplo, medir el campo magnético en las estrellas.

La descripción de ese efecto requirió introducir dos nuevos números cuánticos, además del número cuántico principal n, introducido por Bohr: el número cuántico orbital l, y el número cuántico magnético m_z. Los números n, l y m_z están relacionados con la energía, el momento angular —el producto de la masa por la velocidad de la partícula y por el radio de la órbita— y la proyección del momento angular sobre un eje, respectivamente. Intuitivamente, el número orbital l podría asimilarse a la elipticidad de las órbitas. En los sistemas planetarios, los planetas acostumbran a girar en órbitas elípticas. En los átomos, no tan solo están cuantizadas las órbitas, sino también los valores posibles de su excentricidad. Para un número cuántico n dado, l puede variar de 0 a $n - 1$, tomando siempre valores enteros. El número m_z describe los valores posibles del ángulo entre el eje de rotación de la órbita y el campo magnético aplicado. Para un l dado, sus valores pueden variar entre $-l$ y $+l$, pasando solo por números enteros. Esas restricciones de los valores resultarán muy relevantes para comprender la estructura de la tabla periódica de los elementos.

Al aplicar un campo magnético, los electrones con diferente valor de m_z contribuyen de manera diferente a la energía. Por ello, como para un l dado (1 o 2, por ejemplo) puede haber tres o cinco valores de m_z (−1, 0, 1) o (−2, −1, 0, 1, 2) respectivamente, algunas líneas espectrales se desdoblan en presencia de un campo magnético. Los números cuánticos n, l y m_z describen muy bien casi todos los detalles de las frecuencias emitidas por el átomo. En 1924 se descubre todavía un número cuántico más, el de espín, o número s, que solo puede tomar, en el caso de los electrones —y de los protones y neutrones— dos valores, +1/2 y −1/2. Ese número cuántico se puede vincular, intuitivamente, a la rotación del electrón sobre sí mismo, más o menos como los planetas, que también giran sobre sí mismos, aunque la relación es más sorprendente, ya que hace falta que un electrón dé dos vueltas sobre sí mismo para volver a tener el aspecto que tenía antes de empezar la vuelta.

Pese a los grandes éxitos en la comprensión de la estructura atómica entre 1912 y 1924, cada vez resultaba más imperiosa la necesidad de una descripción más general para comprender la procedencia profunda y sistemática de esos números cuánticos, y poder tratar con bases más firmes que aquella laboriosa artesanía intelectual los átomos de varios electrones, la tabla periódica y las moléculas.

París 1923: De Broglie y los aspectos ondulatorios de las partículas

La historia nos conduce ahora a París: en diciembre de 1923, Louis de Broglie presenta en la Sorbona una tesis doctoral en que postula que así como la luz, una onda, tiene aspectos corpusculares, los corpúsculos, como por ejemplo el electrón, podrían tener aspectos ondulatorios. En particular, deduce que la longitud de onda de la onda correspondiente a una partícula de masa m *y con velocidad* v *es* h/mv. *Para los objetos de la vida cotidiana, esa longitud de onda es ínfima, y no tiene efectos observables. Sin embargo, si la masa es pequeña, como la del electrón, la longitud de onda debería ser observable.*

En concreto, se debería esperar que al lanzar electrones a través de dos o varias rendijas se observaran efectos de interferencia —los trataremos con detalle en el capítulo 11—. Poco después, Davisson y Germer, en Estados Unidos, realizaron dicho experimento y observaron las figuras de interferencia predichas por De Broglie.

En el capítulo 13 trataremos el significado conceptual de esa onda. Para la física atómica, la hipótesis de De Broglie tenía el atractivo de dar una interpretación simple a la condición de cuantización de las órbitas electrónicas propuesta once años antes por Bohr. Tales órbitas deberían corresponder, en la imagen ondulatoria, a circunferencias cuya longitud fuera un número entero de longitudes de onda. Esa idea conduce directamente a la condición de Bohr, desde una perspectiva nueva y más general. Sin embargo, no queda claro qué relación tiene con los otros números cuánticos. A finales de 1925, Schrödinger encuentra la manera de aplicar la idea de De Broglie con toda generalidad.

Figura 2.5. Louis de Broglie y Edwin Schrödinger fueron los primeros en aplicar una teoría ondulatoria a la materia.

El microscopio electrónico

Una aplicación de la idea de De Broglie es el microscopio electrónico, desarrollado en Berlín por Ernst Ruska en 1931. Los microscopios solo pueden distinguir detalles mayores que la longitud de onda de la radiación que utilizan. La longitud de onda de la luz visible está comprendida entre 700 nm y 450 nm, por lo cual el microscopio solo puede detectar detalles de hasta ese orden de magnitud. Los objetos menores se ven como puntos borrosos, o no se ven. Pero si utilizamos electrones rápidos en lugar de luz, disponemos de una onda cuya longitud de onda puede ser unas quinientas veces menor que la de la luz, y observar detalles mucho menores. Así, Ruska tuvo la idea de utilizar electrones en lugar de luz y lentes magnéticas en lugar de lentes ópticas para observar detalles microscópicos de la materia. El microscopio electrónico supuso un salto enorme en la biología celular y en medicina.

Un microscopio cuántico más reciente y poderoso es el microscopio de efecto túnel, desarrollado por Gerd Binnig y Einrich Röhrer en Zurich en 1981 (premio Nobel de Física en 1986, junto con Ernst Ruska). Ese microscopio permite observar una superficie átomo a átomo, a partir de la corriente eléctrica intercambiada entre la superficie y una punta muy fina que la va recorriendo a muy poca distancia, y ha jugado, junto con el posterior microscopio de fuerza atómica, un papel relevante en el desarrollo de la nanotecnología.

Consecuencias de los aspectos ondulatorios de la materia

Una de las principales consecuencias del aspecto ondulatorio asociado al movimiento es que las partículas confinadas a un espacio limitado solo pueden tener un conjunto discreto de

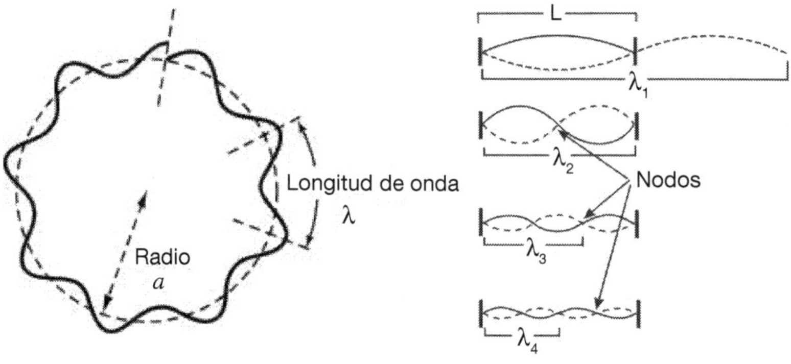

Figura 2.6. El hecho de que un electrón en movimiento tenga asociada una onda implica una cuantización de sus órbitas alrededor del núcleo atómico, de forma que solo son posibles las órbitas cuya longitud contenga un número entero de longitudes de onda (figura de la izquierda). Análogamente, una partícula confinada en una caja de arista L solo podrá tener un cierto número de ondas discretas, relacionadas con valores cuantizados de su energía (figura de la derecha).

velocidades y de energías. Las energías, pues, se hallan cuantizadas.

Para comprenderlo, consideremos una cuerda vibrante de longitud L, fijada por sus extremos. Las únicas ondas regulares que caben en la cuerda son las que corresponden a un número entero de semilongitudes de onda. Ello es bien sabido en la teoría ondulatoria clásica, y tiene consecuencias acústicas, sísmicas, hidrodinámicas y ópticas. Ahora bien, según la relación de De Broglie, una cuantización de las longitudes de onda implica una cuantización de las velocidades. A su vez, como la energía cinética es proporcional al cuadrado de la velocidad, ello implica que las energías están cuantizadas. Cuanto menor sea el espacio L en que está confinada la partícula, mayor será la diferencia entre niveles energéticos.

Así pues, la cuantización de las órbitas no es una característica particular de la física atómica, sino algo general de cualquier sistema de partículas confinadas. Por ejemplo, los protones y neutrones en un núcleo atómico tendrán energías cuantizadas, pero como el radio del núcleo es unas diez mil veces inferior al del átomo, las diferencias entre los valores de sus niveles energéticos serán millones de veces mayores que las de los electrones en los niveles atómicos.

Otra manera de confinar electrones consiste en rodear una pequeña muestra metálica, que contiene electrones libres, con unas paredes aislantes que no dejen salir los electrones, y si esas muestras son muy pequeñas, del orden de las décimas de micras, tendremos lo que se llama un punto cuántico. Si el punto cuántico contiene un solo electrón libre, se comportará como una especie de átomo de hidrógeno, en que la geometría no es esférica sino cúbica, y el electrón se halla retenido no por la atracción de un núcleo positivo, sino por unas paredes que no le dejan salir. Regulando el tamaño de la muestra podemos regular los niveles energéticos del electrón. También podríamos construir el análogo de un átomo de helio, o de litio, o de berilio, que tienen dos, tres o cuatro electrones, respectivamente. Incluso podemos enlazar los puntos cuánticos si la pared aislante que los separa es suficientemente fina y permite que los electrones se compartan entre ambos puntos. Los puntos cuánticos, logrados hacia 1990, son útiles en dispositivos electrónicos extremadamente miniaturizados.

Zurich, noviembre de 1925: la ecuación de Schrödinger

En noviembre de 1925, el jefe del Departamento de Física de la Escuela Politécnica Superior de Zurich, Peter Debye, encarga a Erwin Schrödinger que dé un seminario explicando las ideas de De Broglie. Tras el seminario, Debye le pregunta a qué ecuación debería obedecer un electrón si estuviera sometido a una fuerza, en lugar de moverse por el espacio en línea recta y con velocidad constante, como en el caso estudiado por De Broglie. A los pocos días, Schrödinger, con unas pocas líneas de cálculos elementales obtiene la ecuación, que se convertirá en una de las ecuaciones esenciales de la historia de la física.

En las vacaciones de Navidad de 1925, Schrödinger aplica su recién hallada ecuación al átomo de hidrógeno. El resultado es hermosísimo: de la estructura matemática de la ecuación emergen de forma natural los tres números cuánticos n, l *y* m_z, *las restricciones de sus valores posibles, y los valores correspondientes de la energía de las órbitas, que tan ingeniosamente, pero tan artificiosamente, habían deducido los investigadores anteriores. Sus resultados son publicados en la revista* Annalen der Physik *de 1926. Al año siguiente, se convertirá en el sucesor de Max Planck en la Universidad de Berlín.*

Como su ecuación utiliza técnicas de ecuaciones diferenciales con las que muchos físicos están familiarizados, la teoría cuántica aumenta su atractivo para muchos físicos que la veían antes con recelo. Pero su ecuación no es privativa del átomo, sino que puede aplicarse a una gran variedad de sistemas físicos, lo cual abre ante la física cuántica una amplitud vertiginosa de posibilidades. Sin embargo, subsiste el problema conceptual de cuál es el significado de la «onda electrónica» regida por la ecuación de Schrödinger, que trataremos en el capítulo 13, y que está relacionada con la probabilidad de encontrar el electrón en una cierta posición o con una cierta velocidad.

3

ENLACES MOLECULARES

ARQUITECTURAS CUÁNTICAS

En el capítulo anterior hemos hablado de algunas propiedades físicas de los átomos, como los espectros de emisión, pero no de diversas características químicas que deben ser explicadas a partir de la estructura atómica: la tabla periódica, el enlace químico, las estructuras de las moléculas, sus espectros de emisión y absorción, sus energías de enlace y velocidades de reacción... En 1911, Nernst ya había traducido las ideas de Einstein sobre cuantización de las oscilaciones de los átomos en los cristales a las vibraciones de las moléculas. Poco después, imaginó que las rotaciones de las moléculas también estarían cuantizadas. En 1912, Niels Bjerrum, uno de sus colaboradores, midiendo los espectros de absorción de moléculas sencillas comprobó el acierto de las suposiciones de Nernst, e introdujo las ideas cuánticas en el mundo molecular, antes incluso que en el mundo atómico.

En su trilogía de artículos de 1913, Bohr ya se preguntó por la tabla periódica y el enlace químico: su segundo artículo intentó descubrir cómo se distribuían los electrones en las diversas órbitas de los átomos para poder explicar algunas características de la tabla periódica, y su tercer artículo abordó el tema del enlace químico en algunas moléculas sencillas. Aunque el modelo de Bohr era insuficiente para responder a esas preguntas, su intento —rápidamente caído en el olvido— pone de manifiesto su lucidez respecto de los problemas que debían ser abordados.

La tabla periódica de los elementos

En 1862, el químico ruso Dimitri Mendeleiev propuso la tabla periódica de los elementos, es decir, una ordenación de los elementos químicos según su masa —posteriormente según su número atómico, concepto propuesto por el abogado holandés Antonius van den Broeck en 1912, según el cual el número de posición de cada átomo en la tabla periódica corresponde a su número de electrones—. Esa ordenación revela unas curiosas regularidades periódicas en sus propiedades químicas y físicas. Por ejemplo, los elementos situados en una misma columna tienen las mismas valencias —capacidades de enlazarse con otros elementos—; dentro de una misma columna, la energía necesaria para arrancar un electrón disminuye al bajar en la columna, y el volumen atómico aumenta... ¿Por qué se dan esas regularidades? ¿Cómo reaccionan y se enlazan los átomos y cuál es el origen de las regularidades químicas a partir de los conocimientos adquiridos sobre la estructura atómica?

Hemos visto que los electrones se distribuyen en los átomos en órbitas caracterizadas por los números cuánticos n, l y m_z. Sus energías no eran bien conocidas en los átomos con más de un electrón, ya que en ellos no hay tan solo la atracción electrostática entre el núcleo y los electrones, sino también la repulsión electrostática entre los electrones. Otra pregunta es cómo se distribuyen los electrones en los diferentes niveles. Si no hubiera repulsión electrostática, se habría podido esperar que todos cayeran a la órbita permitida de menor energía, la más cercana al núcleo. Pero si fuera así, ¿de dónde surgirían las diferencias en el comportamiento químico? Si hay repulsión, es lógico que no quepan todos los electrones en la órbita más baja, sino que se deban distribuir. Pero aun así, tampoco se entienden las regularidades en las propiedades químicas.

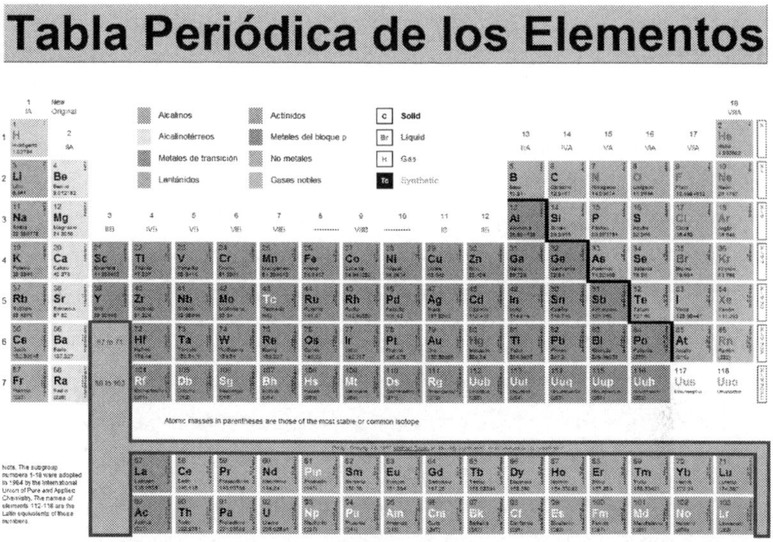

Figura 3.1. Tabla periódica de los elementos químicos; los elementos que aparecen en una misma columna tienen propiedades químicas semejantes.

En 1916, el químico estadounidense Gilbert Lewis propone que el enlace químico entre dos átomos consiste en compartir electrones. Ello había sido ya propuesto por Bohr, tres años antes, pero con predicciones no suficientemente buenas. Parece lógico que los electrones a compartir sean los más externos, de modo que ellos serían los que participarían en los enlaces, y las propiedades químicas dependerían de ellos. Pero para entender cuántos electrones hay en la capa exterior de cada átomo, es necesario entender cómo se disponen en su interior. De hecho, Lewis propuso un modelo rudimentario pero eficaz: que los átomos son cúbicos y sus electrones externos se colocan en sus vértices. Con ese modelo puramente estático prescindía de las complejidades dinámicas, pero acertaba en unas características que serían justificadas posteriormente por la física cuántica.

Hamburgo, 1925: Pauli y el principio de exclusión

En 1925 Wolfgang Pauli propone que en un átomo no puede haber dos electrones que tengan el mismo conjunto de números cuánticos n, l, m_z *y* s; *o, en otros términos, que en un subnivel caracterizado por los números* n, l *y* m_z, *solo puede haber, como máximo, dos electrones, uno con espín ½ y otro con espín –½. A eso se denomina principio de exclusión, y prohíbe que los electrones se acumulen en algún nivel. La ordenación de electrones en el átomo desde los niveles de menor a mayor energía y siguiendo el principio de exclusión permite comprender varias características esenciales de la tabla periódica.*

Pero el principio de exclusión no es privativo de los electrones en los átomos. También rige para los electrones en los cristales o en los gases, por lo cual el trabajo de Pauli no solo contribuye a la comprensión de la tabla periódica, sino también a la de las propiedades térmicas y magnéticas de los materiales. El principio de exclusión se aplica a cualquier tipo de partículas de espín semientero, como los protones y neutrones —que también tienen espín ½— por lo cual también juega un papel en física nuclear y en otras muchas situaciones físicas.

El principio de exclusión y la tabla periódica

Hemos comentado que los valores posibles de los números cuánticos n, l y m_z están restringidos por ciertas condiciones. Al escribir detalladamente todas las posibilidades, se sigue que en la capa n se pueden alojar como máximo $2n^2$ electrones; es decir, para $n = 1, 2, 3$ y 4, el número máximo de electrones será, respectivamente, 2, 8, 18 y 32. Ello constituye un resultado muy valioso para la comprensión de la tabla periódica. En efecto, la primera fila de la tabla periódica tiene solo dos elementos (H y He), que corresponden a llenar la capa $n = 1$;

la segunda fila tiene 8 elementos (Li, Be, B, C, N, O, F y Ne), que corresponden a llenar la capa $n = 2$. Comprendemos, pues, el número de elementos de las dos primeras filas.

Pero esperaríamos que la fila siguiente tuviera dieciocho elementos, los correspondientes a llenar la capa $n = 3$, pero solo tiene ocho. ¿Qué ocurre? Debemos tener en cuenta que las repulsiones electrostáticas entre los electrones hacen que su energía en el subnivel más alto de $n = 3$ sea mayor que la de los electrones en el subnivel más bajo de $n = 4$. Por ello, en lugar de llenar la capa $n = 3$, los electrones pasan a la capa $n = 4$ antes de completar la capa $n = 3$. Por eso, la tercera fila tiene ocho elementos, como la segunda. La fila siguiente, la cuarta, tiene dieciocho elementos, y también la quinta. La sexta fila tiene treinta y dos elementos. La séptima no está completa, porque se acaban los elementos estables. Para comprender por qué hay un número limitado de elementos químicos estables, debemos acudir a la física nuclear.

El principio de exclusión y los metales

El principio de exclusión juega los efectos de una fuerza repulsiva, ya que impide que los electrones se aproximen demasiado, pero es muy diferente de una repulsión electrostática —también actúa si las partículas son neutras, como los neutrones—. De hecho, aunque el principio de exclusión actúe como una fuerza repulsiva, es un efecto puramente cuántico, relacionado con simetrías sutiles. Para las partículas de espín semientero, la función de onda total debe ser antisimétrica respecto a cambios de las partículas, y hay principio de exclusión; para las partículas de espín entero, la función de onda total debe ser simétrica y no se cumple el principio de exclusión.

A principios de 1926, apenas leer el artículo de Pauli, Enrico Fermi, en Roma, utiliza el principio de exclusión para explicar por qué la contribución de los electrones libres al calor específico de los metales es apenas perceptible, a temperatura ambiente, en lugar de ser comparable al de su red cristalina de iones, como predecía la teoría clásica. En efecto, un metal se comporta como una red cristalina de iones positivos en cuyo seno se desplazan libremente electrones. Fermi demostró que si el gas de electrones está sometido al principio de exclusión, su contribución al calor específico debe ser del orden de milésimas de la predicción de la teoría clásica.

Enlace químico

La ecuación de Schrödinger es aplicable a todo tipo de sistemas —átomos, moléculas, cristales, fluidos... En particular, se puede aplicar la ecuación a una molécula, considerada como un conjunto de electrones y de núcleos. Al estar sometido, cada electrón, a la atracción electrostática de diversos núcleos, las órbitas electrónicas dependen del conjunto de los átomos. Los electrones más energéticos se mueven alrededor de diversos núcleos a la vez, y contribuyen a enlazarlos, en tanto que los menos energéticos —los de las capas inferiores— solo giran alrededor de su núcleo correspondiente.

La teoría cuántica del enlace químico calcula las energías de las órbitas globales de los electrones exteriores, y las compara con las de los electrones en los átomos separados. Si la energía total de los electrones en la molécula es menor que su energía en los átomos por separado, se forma la molécula. Si es mayor, no se forma. Esa diferencia de energías se manifiesta en forma de un desprendimiento de calor —el calor de formación de la molécula—. Así, la física cuántica debe explicar los valores de los calores de formación a partir de los cálculos energéticos de las órbitas electrónicas.

Uno de los científicos que más contribuyó a la comprensión cuántica del enlace químico fue el estadounidense Linus Pauling (premio Nobel de Química de 1954 y premio Nobel de la Paz de 1962). Sistematizó sus importantes resultados —sobre hibridación de orbitales, electronegatividad, resonancia... que no podemos tratar aquí— en un famoso tratado sobre la naturaleza del enlace químico, que contribuyó a la formación de numerosas promociones de químicos a lo largo de medio siglo.

Un ejemplo: física cuántica del agua

Calcular las energías de las órbitas electrónicas moleculares no es suficiente. El químico cuántico también debe explicar la orientación y la longitud de los diversos enlaces. Ello no es fácil, ya que los orbitales moleculares pueden ser combinaciones muy complicadas de orbitales atómicos. Por ejemplo, la molécula H_2O, del agua, tiene forma de ángulo, de unos ciento cuatro grados, con el oxígeno en el vértice y los hidrógenos en las puntas de los lados. ¿Por qué ese ángulo vale unos ciento cuatro grados, en lugar de que la molécula sea rectilínea, con el oxígeno en el centro y un hidrógeno a cada lado? Desde el punto de vista clásico eso sería lo más lógico, ya que los protones estarían máximamente separados y la forma sería simétrica. En cambio, según la física cuántica, si los hidrógenos no estuvieran cargados, el ángulo de la molécula debería ser de 90 grados, como consecuencia de la hibridación de orbitales, pero la repulsión entre los hidrógenos cargados hace que el ángulo sea ligeramente mayor.

Se observa, además, que en la molécula del agua el oxígeno está cargado negativamente y los hidrógenos están cargados positivamente. Ello se debe a que los electrones compartidos pasan más tiempo cerca del oxígeno que del hidrógeno.

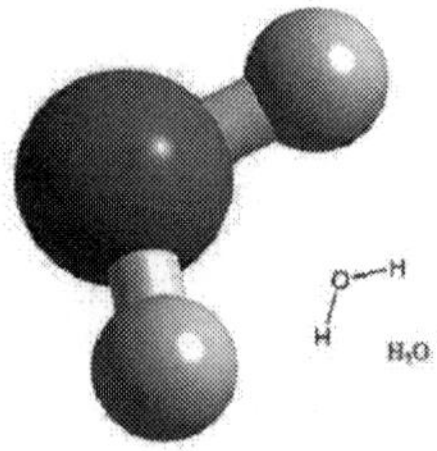

Figura 3.2. Molécula de agua; el átomo de oxígeno se encuentra en el vértice, y los átomos de hidrógeno a los lados. Si no fuera por los efectos cuánticos, la molécula tendría forma rectilínea.

Según el tanto por ciento de tiempo que pasen los electrones cerca de un átomo y cerca del otro, la molécula será más o menos polar, es decir, los átomos que la forman estarán más o menos cargados, aunque siempre con signo opuesto, con carga total molecular nula. Se pide a la física cuántica que explique la polaridad de la molécula.

Otra pregunta aún: hemos visto que los átomos tienen un espectro de emisión y absorción. También lo tienen las moléculas, en unas frecuencias características relacionadas con sus vibraciones y rotaciones internas. Una de las frecuencias de absorción del agua corresponde a radiación infrarroja, lo cual hace que su vapor contribuya al calentamiento de la atmósfera terrestre por efecto invernadero, absorbiendo y reemitiendo parcialmente hacia el suelo esta radiación.

Además de la forma de la molécula, la física cuántica también debe explicar propiedades colectivas del agua, como por ejemplo: por qué, a presión de una atmósfera, el agua se congela a cero grados, por qué hierve a cien grados, por qué el hielo es menos denso que el agua. Para ello, debe considerar las interacciones entre moléculas, y no tan solo las de los átomos en una misma molécula. De hecho, el agua, pese a ser tan abundante en la Tierra, es una sustancia con características muy especiales, sin las cuales la vida que conocemos no podría existir.

El hecho de que las moléculas de agua sean polares y sus hidrógenos estén cargados positivamente, hace que cuando dos moléculas de agua se aproximan, un hidrógeno de una molécula (positivo) tienda a apuntar hacia el oxígeno de la otra (negativo). Si la temperatura es mayor que cuatro grados, la agitación térmica del agua tiene más energía que esa atracción electrostática entre las moléculas, denominada «puente de hidrógeno». A temperaturas entre cuatro grados (en la que la densidad del agua es máxima) y cero grados, las moléculas de agua van formando una redecilla que aumenta su separación media, de modo que en ese intervalo de temperaturas el agua se dilata a medida que se enfría, a diferencia de lo que ocurre con la mayoría de sustancias. A los cero grados, la red entre las moléculas de agua ha devenido suficientemente rígida como para formar un sólido, menos denso que el agua. La diferencia de energías se manifiesta en el calor latente que debemos extraer del agua líquida para pasarla a hielo. Se pide a la física cuántica que explique el incremento de volumen, la temperatura de fusión y el calor latente concretos para el agua. Vemos que las exigencias de la físicoquímica cuántica son muchas.

Sin los puentes de hidrógeno, o si la molécula de agua fuera rectilínea, el agua se congelaría a menos de cero grados, herviría a unos treinta grados, y el hielo sería más denso que el agua líquida. En esas condiciones, probablemente no existiría la vida. Por ejemplo, el hecho de que el hielo flote sobre el agua es muy importante para que pueda haber vida en ríos y lagos poco profundos cuando la temperatura del aire desciende por debajo de los cero grados, ya que la capa de hielo, menos conductora del calor que la del agua, protege al agua de debajo y la mantiene líquida más tiempo. Si fuera al revés, el hielo se hundiría, el agua líquida quedaría en la superficie y se helaría, dejando a los peces en la superficie y congelados. Claramente, las condiciones serían muy inhóspitas para la vida. Vemos pues que la física cuántica facilita que la vida pueda existir.

Otro ejemplo: química cuántica del carbono

Otra ilustración de la química cuántica lo proporciona el estudio del carbono, que juega un papel importantísimo en las moléculas de la vida —proteínas, hidratos de carbono, lípidos, ácidos nucleicos...— o en los combustibles fósiles —carbón, petróleo— sobre los que se ha basado la economía mundial. Aquí hablaremos de tres tipos de moléculas: carbono puro (en sus formas más sorprendentes y relevantes), y dos combinaciones de carbono con hidrógeno: metano CH_4 y benceno C_6H_6.

El carbono tiene valencia cuatro (es decir, se enlaza con cuatro átomos). Puede formar diamante, con estructura tetraédrica, o grafito, con estructura plana hexagonal, que son sus formas más conocidas. Desde 1980 se han descubierto otras formas: grafeno —que corresponde a una sola lámina de grafito, y por cuya obtención y estudio obtuvieron el premio Nobel de Física de 2010 los investigadores Geim y Novoselov—, nanotubos de carbono —estructuras cilíndricas de paredes formadas por hexágonos, como grafeno enrollado—, y fullereno, formado por sesenta núcleos de carbono, con estructura de pelota de fútbol, es decir, una estructura cerrada sobre sí misma, compuesta por polígonos de cinco, seis y siete lados, dispuestos convenientemente —de hecho, se han observado fullerenos con más de sesenta vértices, llegando hasta bolas formadas por quinientos cuarenta átomos de carbono—. Estas formas tienen una gran conductividad térmica y eléctrica, una gran resistencia a la ruptura, y constituyen las bases de nuevas tecnologías emergentes, que podrán dar lugar a pantallas electrónicas flexibles, o convertidores termoeléctricos miniaturizados de energía.

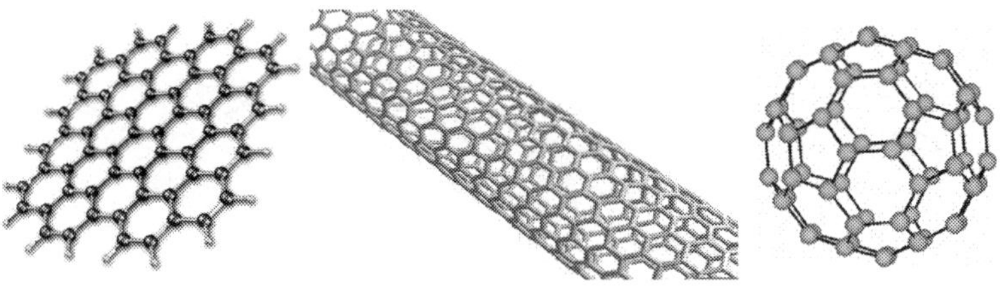

Figura 3.3. Diversas estructuras de carbono puro: de izquierda a derecha, grafeno, nanotubo de carbono, fullereno.

Otras moléculas simples relacionadas con el carbono son las de metano, CH_4, y benceno, C_6H_6. La molécula de metano tiene forma de tetraedro regular, con el carbono en el centro y los cuatro hidrógenos en los vértices: en principio, esa estructura no representa ninguna sorpresa, porque es la más simétrica. Sin embargo, el paso de los orbitales atómicos a los moleculares no es obvio, y estos últimos son sutiles combinaciones híbridas de los primeros.

Más sorprendente resulta el caso del benceno C_6H_6, con estructura de anillo hexagonal, en la que cada carbono está ligado a un hidrógeno, situado en la parte exterior del anillo. Esa estructura fue propuesta en 1865 por Kekulé, pero presentaba un problema a la hora de contar los enlaces —cada carbono debe tener un enlace con un hidrógeno y tres enlaces con otros carbonos—. Para ello, debían alternarse, según Ke-

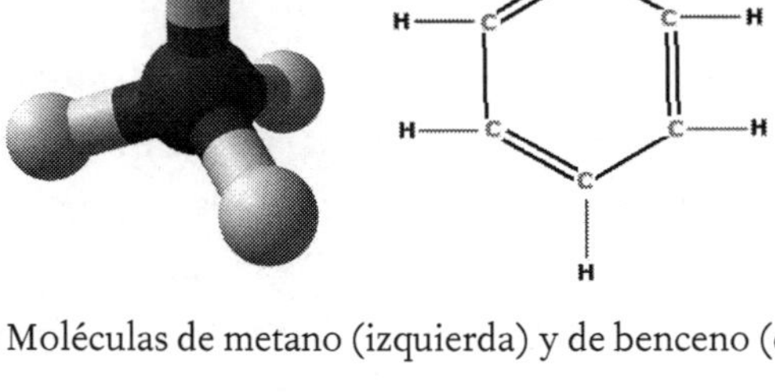

Figura 3.4. Moléculas de metano (izquierda) y de benceno (derecha).

kulé, enlaces dobles y enlaces simples entre los carbonos del hexágono; pero había dos estructuras posibles, según los enlaces dobles se situaran en las posiciones pares o impares. Ambas posibilidades parecían equivalentes e indistinguibles. Otros autores propusieron otras posibilidades, con enlaces a lo largo de las diagonales. En 1890, Thiele propuso seis enlaces simples más unos enlaces no localizados alrededor de la molécula. La física cuántica da la razón a esa propuesta: de los treinta electrones de valencia del conjunto, hay veinticuatro en enlaces localizados en el plano de la molécula, y los otros seis están en orbitales perpendiculares al plano de la molécula, deslocalizados, que contribuyen a enlazar la molécula.

Este ejemplo subraya la coexistencia de orbitales localizados y orbitales deslocalizados, de carácter muy global, en que participan diversos átomos simultáneamente, y en que los electrones circulan entre todos ellos. Esas características adquieren un interés todavía mayor en moléculas grandes (macromoléculas), cuyas propiedades electrónicas son un campo activo de investigación en nanotecnología, en la búsqueda de más miniaturización de los dispositivos electrónicos.

Reacciones químicas

Otra cuestión de interés en química son las reacciones entre moléculas: por ejemplo, chocan dos moléculas A y B, y se tiene como resultado dos moléculas diferentes, C y D. En el proceso hay un reagrupamiento de los átomos. En principio, el químico cuántico debería calcular la energía total de los diversos posibles reagrupamientos de átomos, y quedarse con el de mínima energía libre. Las diferencias de energía estarían relacionadas con el calor cedido. Además, debería ser capaz de describir la velocidad de reacción, en función de la temperatura, cosa que hace intervenir configuraciones moleculares intermedias, que pueden influir notablemente en la velocidad de reacción.

Reflexiones sobre el reduccionismo: ¿es la química reductible a la física?

Vemos que la física cuántica es capaz, en principio, de explicar muchos detalles de los compuestos químicos y detalles sutiles de las fascinantes arquitecturas moleculares. ¿Podemos decir que la química es reductible a la física, es decir, que es una colección de casos particulares de problemas físicos, cuyas regularidades podrían ser explicadas directamente desde la física? Hemos visto que no es así: en principio, creemos que aplicar la ecuación de Schrödinger conduciría a la solución de tales problemas. Desde esa perspectiva teórica, podríamos decir que la química es reductible a la física. Pero esa situación es, en la práctica, una quimera. La resolución de la ecuación de Schrödinger en casos tan simples como un átomo con dos electrones, o una molécula con dos átomos, presenta grandes dificultades matemáticas. Más aún, claro está, si la situación considerada tiene docenas de átomos con decenas de electrones. Sería deseable que la ecuación de Schrödinger pudiera predecir las estructuras moleculares desde primeros principios, pero, por lo general, la ecuación llega con retraso, una vez conocida la estructura global y proporciona, con dificultad, los valores de la longitud y energía de los enlaces.

Los cálculos de química cuántica requieren muchas horas en ordenadores muy potentes. En muy pocas ocasiones, la física ha sido capaz de predecir la estructura de una molécula dados los átomos que la forman, y menos aún las propiedades emergentes de la molécula, es decir, las propiedades nuevas que no tienen nada que ver con las de sus componentes por separado —por ejemplo, las propiedades de la molécula del agua son muy diferentes de las de sus componentes, oxígeno e hidrógeno—. Obtener la estructura del benceno, de los nanotubos de carbono o del fullereno sin haberlos observado anteriormente ni tener noticia de su existencia sería complicadísimo, ya que se debería explorar una multitud de posibilidades topológicas diferentes en lo que respecta a la posición de los átomos. Ello no significa que tales moléculas no satisfagan la ecuación de Schrödinger. Una vez se conoce su geometría general, sus detalles particulares pueden ser obtenidos a partir de dicha ecuación.

Análogamente, una vez conocidas algunas leyes más o menos generales sobre el comportamiento sistemático de grandes tipos de materiales —como ácidos y bases, oxidantes o reductores, halógenos o metales...— la física es capaz de dar razón de dichas leyes, pero con los métodos actuales no podría predecir su existencia ni sus propiedades concretas. En síntesis, por grandes que hayan sido los éxitos de la física cuántica aplicados a la química, tales éxitos no corresponden exclusivamente a la física, sino deben mucho a la labor previa de la química, en su clasificación y sistematización de las propiedades de millones de compuestos.

4

FUERZAS NUCLEARES
Promesas y apocalipsis de la física nuclear

En agosto de 1945, la explosión de las bombas nucleares de Hiroshima y Nagasaki abrió una dimensión insospechada a la física, convirtiéndola de repente en una pieza clave de la estrategia militar, la diplomacia mundial, y el equilibrio entre bloques ideológicos durante la guerra fría. El camino recorrido desde el inicio de la física nuclear, en 1932, con el descubrimiento del neutrón, hasta las explosiones nucleares de 1945, que ponen de manifiesto la capacidad de dominar las inmensas energías de los núcleos, resulta vertiginoso. No hubiera tenido lugar de forma tan increíblemente rápida de no haber sido por las presiones de la segunda guerra mundial, que hicieron que los Estados Unidos de América dedicaran decenas de miles de investigadores y técnicos a la obtención de las bombas. En ese camino, la física cuántica juega un papel básico: el marco conceptual de las fuerzas y las reacciones nucleares, la velocidad de reacción, las condiciones necesarias para conseguir la explosión, hacen intervenir cálculos cuánticos. A diferencia del estudio relativamente plácido y académico de la luz, los calores específicos, los espectros atómicos o los enlaces moleculares, la exploración de las energías nucleares se realiza entre urgencias y tensiones y abre a la humanidad perspectivas inquietantes, entre prometedoras y apocalípticas.

Protones y neutrones

La observación de la radioactividad por Becquerel, en 1896, y sus trabajos con Pierre y Marie Curie sobre esos temas (premio Nobel de Física de 1903), y el descubrimiento de los electrones y su procedencia atómica por Thomson en 1897, fueron manifestaciones empíricas de que el átomo no era indivisible ni inmutable. El modelo atómico de Rutherford y su posterior afianzamiento teórico dio carta de naturaleza conceptual al núcleo atómico y puso de manifiesto que la radiactividad procedía de él, y no de los electrones que giran a su alrededor. Rutherford conocía bien la radiactividad, porque había estudiado y clasificado los diversos tipos de desintegraciones radiactivas: alfa (emisión de partículas positivas que identificó como núcleos de helio), beta (emisión de electrones rápidos) y gamma (emisión de fotones muy energéticos).

Sin embargo, aunque la existencia del núcleo atómico es admitida desde 1912, la física nuclear no empieza propiamente hasta 1932, cuando el neutrón es descubierto por Chadwick en experimentos efectuados en Cambridge (premio Nobel de Física de 1935), y se comprende que el núcleo está formado por protones y neutrones. Hasta entonces, se había considerado compuesto por protones y electrones, de modo que el papel de un neutrón era atribuido a un protón más un electrón, cuya masa total es parecida a la del neutrón, y cuya carga total es nula. Además, la radiación beta, consistente en la emisión de electrones por parte de algunos núcleos, parecía indicar que el núcleo contenía electrones.

A partir de 1932 se admite que el núcleo está formado por protones y neutrones —denominados colectivamente nucleones—. Un núcleo se define, pues, por dos números: el número atómico Z, o número de protones, y el número másico A, el número de protones más el de neutrones. Estos dos números están relacionados respectivamente con la carga y la masa del núcleo. Se denominan isótopos los núcleos que tienen el mismo número de protones —y, por lo tanto, corresponden al mismo elemento químico— pero distinto número de neutrones. Aunque sus propiedades químicas son idénticas, difieren en algunas características físicas.

Por ejemplo, el hidrógeno está caracterizado por tener un solo protón, pero se conocen tres isótopos: el hidrógeno (un protón), el deuterio (un protón y un neutrón) y el tritio (un protón y dos neutrones). Para el helio, caracterizado por tener dos protones, se conocen dos isótopos: helio 3 (dos protones y un neutrón) y helio 4 (dos protones y dos neutrones). El conocimiento de la materia nuclear requiere, pues, más información que la de las propiedades químicas, ya que estas dependen del número de electrones (igual al número de protones del núcleo) pero no del número de neutrones. Saber cuántos isótopos existen para cada elemento, y su estabilidad y abundancia relativas, no es una cuestión que la química pueda responder, pero es una pregunta crucial en física nuclear.

Las preguntas esenciales de la física nuclear

La física nuclear es muy diferente de la física atómica en algunos aspectos esenciales. En primer lugar, el radio del núcleo es unas diez mil veces menor que el del átomo y por ello las energías implicadas en los procesos nucleares son millones de veces superiores a las de los procesos atómicos. En segundo lugar, los protagonistas de la física atómica son los electrones y la atracción electrostática entre estos y el núcleo; en cambio, los protagonistas de la física nuclear son los protones y neutrones. Las fuerzas entre ellos son mucho más complicadas que la fuerza electrostática, y tienen alcance muy corto, del orden del diámetro del protón o el neutrón, por lo cual no juegan ningún papel en la física atómica.

Las fuerzas nucleares deben dar respuesta a dos preguntas básicas: ¿cómo se mantiene la integridad del núcleo contra la intensa repulsión electrostática entre los protones? Si en el núcleo no hay electrones, ¿de dónde proceden los electrones emitidos en una desintegración beta? Estas dos cuestiones están relacionadas, respectivamente, con dos interacciones nucleares diferentes: la fuerte y la débil.

Sin embargo, la física atómica y la nuclear tienen en común la necesidad de conceptos cuánticos para su descripción: niveles energéticos cuantizados de protones y neutrones dentro del núcleo, transiciones entre esos niveles, con emisión o absorción de fotones muy energéticos, correspondientes a la radiación gamma. Además, el protón y el neutrón tienen espín ½, como el electrón, y están sometidos al principio de exclusión de Pauli, que impide que haya más de dos protones o dos neutrones —uno con espín ½ y otro con espín –½— en un mismo estado.

La experiencia de la física atómica sugiere para el núcleo una estructura en capas, que jugarían un papel análogo a las órbitas electrónicas en los átomos, pero con dos diferencias: en el núcleo, las partículas se están tocando unas a otras, a diferencia de los electrones en el átomo; la interacción entre los nucleones es muchísimo más intensa que la interacción electrostática. Por ello, las órbitas de protones y neutrones se suponen fuertemente colectivas, como esferas concéntricas que giraran a diferentes velocidades.

Una manifestación de esos niveles colectivos en capas más o menos concéntricas es la existencia de los llamados números mágicos, a saber, la constatación de que núcleos con ciertos números de protones o de neutrones —2, 8, 20, 28, 50, 82, 126—, son especialmente estables. Ello supone una cierta analogía con la tabla periódica de los elementos químicos, donde hemos visto que algunos números —2, 8, 18, 32— corresponden a llenar capas sucesivas de electrones. En particular, los núcleos doblemente mágicos —es decir, con números de protones y de neutrones correspondientes ambos a números mágicos— son especialmente estables, como el helio 4 (^{4}He), con dos protones y dos neutrones, el oxígeno 16 (^{16}O), con ocho protones y ocho neutrones, el hierro 56 (^{56}Fe), con veintiocho protones y veintiocho neutrones, o el plomo 208 (^{208}Pb), con ochenta y dos protones y ciento veintiséis neutrones, que es el isótopo estable más pesado.

Algunas preguntas de la física nuclear son: ¿Por qué unos isótopos son estables y otros tienden a desintegrarse? ¿Qué tipos de desintegraciones, energías respectivas y tiempo característico de cada una de ellas corresponden a cada isótopo? Dados dos núcleos iniciales, y lanzados el uno contra el otro con unas velocidades dadas, ¿cuáles serán los núcleos resultantes de la colisión? Hay, claro está, muchas otras preguntas de carácter más técnico, pero esas reflejan suficientemente el tipo de cuestiones que surgen al abordar la física nuclear. Pero, para poder responderlas, se necesita un cierto conocimiento de las fuerzas nucleares.

La interacción nuclear débil

Hemos comentado que en la desintegración beta se observa la emisión de un electrón a partir del núcleo. Pero, ¿de dónde surge ese electrón, si en realidad solo hay protones y neutrones? La interacción nuclear débil está relacionada con el cambio entre protones y neutrones, y da razón del desprendimiento de electrones.

En principio, se podría pensar que el neutrón es un protón más un electrón en contacto. Pero una característica sorprendente de la desintegración beta es que el electrón desprendido no siempre tiene la misma energía. A veces, sale con mucha velocidad, otras, con poca. ¿Por qué ocurre eso? Como la energía del núcleo final es siempre la misma, ello parece implicar que la energía no se conserva.

En 1930, Pauli propuso la existencia de un nuevo tipo de partícula, de modo que la energía total desprendida en la desintegración se repartiría entre el electrón y dicha partícula, que fue denominada neutrino —«neutrón pequeño»—. Efectivamente, dicha partícula debía tener carga eléctrica nula, masa muy pequeña o tal vez nula, y no debía participar en la interacción nuclear fuerte, sino tan solo en la débil. Al no tener interacción eléctrica, ni nuclear fuerte, ni prácticamente interacción gravitatoria, dichas partículas son capaces de atravesar toda la Tierra sin interaccionar con ella, salvo en muy contadas ocasiones.

La interacción nuclear débil se manifiesta, básicamente, en la transformación de un protón en un neutrón, un antielectrón y un neutrino, o en la transformación de un neutrón en un protón, un electrón y un antineutrino. Que el protón y el neutrón puedan interconvertirse entre sí es necesario, por ejemplo, en las reacciones nucleares que tienen lugar en el Sol, donde cuatro núcleos de hidrógeno (cuatro protones) dan un núcleo de helio (dos protones y dos neutrones), lo que significa que dos protones deben transformarse en dos neutrones. La interacción débil, por lo tanto, contribuye a regular la velocidad con que el Sol produce calor. Si dicha interacción fuera más intensa, el Sol podría estallar como una inmensa bomba nuclear; si fuera menos intensa, el Sol liberaría poca potencia, insuficiente para mantener vida en la Tierra. Como consecuencia del cambio de protones en neutrones, el Sol emite una gran cantidad de neutrinos.

La situación opuesta ocurre en la formación de las llamadas estrellas de neutrones, en las que cuando algunas estrellas terminan su combustible, la gran presión gravitatoria sobre ellas lanza contra el núcleo los electrones de la corteza atómica, de forma que los electrones se combinan con los protones y dan neutrones y neutrinos. Con ello, se produce una estrella de una densidad enorme, formada solo por neutrones y que puede ser considerada como un inmenso núcleo atómico con cero protones y muchísimos neutrones.

Roma, 1934: Fermi y la interacción nuclear débil

En 1934, el grupo de Enrico Fermi (premio Nobel de Física de 1938) en Roma consigue la primera reacción nuclear artificial. Al lanzar neutrones lentos contra núcleos ligeros, consiguen que el neutrón quede absorbido por el núcleo y se transforme en protón, de manera que el núcleo inicial se transforme en un núcleo del elemento siguiente en la tabla periódica. La idea de los alquimistas según la cual los elementos químicos podían ser modificados era pues válida, en parte, aunque ello no se puede lograr mediante métodos químicos.

El grupo de Fermi realiza muchos experimentos —que en Francia son desarrollados independientemente y en paralelo por Frederic Joliot e Irene Curie—, lanzando protones o neutrones

Figura 4.1. Enrico Fermi e Hideki Yukawa, que formularon las primeras teorías de la interacción nuclear débil y fuerte, respectivamente.

contra núcleos pequeños. Como muchos de ellos implican cambios de neutrones en protones y viceversa, Fermi idea una teoría matemática para la interacción débil, incluyendo el papel del neutrino. Es la primera teoría de la interacción nuclear débil. Posteriormente, se elaborarán teorías mucho más sofisticadas y potentes, en que la interacción débil se unifica con la interacción electromagnética.

Energía de enlace e interacción nuclear fuerte

La otra gran incógnita de la física nuclear era la cohesión de los núcleos atómicos. La repulsión electrostática entre los protones es muchísimo más fuerte que su atracción gravitatoria. Por ello, es necesario otro tipo de fuerza —interacción nuclear fuerte— que contrarreste y supere esa repulsión. Dicha fuerza nuclear debe tener muy corto alcance, ya que no se detecta ni tan siquiera a escala atómica. Por lo tanto, debe de ser exclusivamente nuclear, con un alcance del orden del radio de los protones y neutrones. Esa fuerza atractiva actuaría entre nucleones en general (protones, neutrones). Así, cuando estos entran en contacto, entra en acción la fuerza nuclear fuerte y hace que se adhieran entre sí.

La cohesión nuclear se mide en términos de la energía de enlace, o energía que se debe comunicar a un núcleo para descomponerlo en sus componentes —igual a la energía que se libera al producirlo a partir de sus componentes—. La energía de enlace queda reflejada en lo que se denomina defecto de masa nuclear, que es la diferencia entre la suma de las masas de los componentes por separado y la masa total del núcleo, que es inferior a la suma mencionada. Por ejemplo, la masa del protón es 1,007 unidades de masa atómica —la doceava parte de la masa del átomo de carbono 12—, y la del neutrón es 1,009 unidades de masa atómica. Según eso, uno esperaría, por ejemplo, que la masa del carbono ^{12}C, compuesto por seis protones y seis neutrones, fuera seis veces la masa del protón más seis veces la masa del neutrón, que daría 12,0096 unidades de masa atómica. Sin embargo, la masa del ^{12}C es 12,0000 unidades de masa atómica, menor que la suma de dichas masas. Esta disminución de masas está relacionada con la energía de enlace mediante la relación de Einstein, $E = mc^2$, es decir, la energía de enlace es igual al defecto de masa por el cuadrado de la velocidad de la luz. Como la velocidad de la luz en el vacío es muy grande (trescientos mil kilómetros por segundo), la cantidad de energía liberada al formar un núcleo es muy considerable.

De hecho, en el artículo de 1905 en que dedujo la relación $E = mc^2$, Einstein ya conjeturó, en una nota a pie de página, que dichas energías podrían explicar la gran cantidad de calor que desprende la radiactividad. Así, el calor desprendido por los núcleos radiactivos del interior de la Tierra contribuye a mantenerla caliente y, con ello, a mantener líquido y en movimiento el magma, que arrastra los continentes y produce el campo magnético terrestre que nos protege del viento solar.

Que la atracción nuclear actúe tan solo entre nucleones en contacto, en tanto que la repulsión electrostática actúa a larga distancia, establece un límite al tamaño de los núcleos atómicos estables o, en otras palabras, al número máximo de elementos químicos. En efecto, para núcleos relativamente pequeños, aumentar el número de nucleones resulta energéticamente favorable, ya que aumenta la atracción total. Pero al aumentar el número de protones, aumenta rápidamente la repulsión electrostática y llega a superar la atracción conjunta de la fuerza nuclear, limitada a los nucleones en contacto. El isótopo más estable es el ^{56}Fe, que tiene 28 protones y 28 neutrones. Para núcleos más pequeños, la estabilidad crece al aumentar el número atómico; para núcleos mayores, la estabilidad decrece al aumentar el número atómico, hasta que al llegar a 83 protones los núcleos ya son inestables, es decir, tienden a desintegrarse espontáneamente, aunque a veces lentamente. Actualmente se investigan núcleos más pesados de los que conocemos, por ejemplo, con más de 110 protones. Esos núcleos se fabrican artificialmente en colisiones entre núcleos pesados, y su duración es brevísima —del orden de una milésima o millonésima de segundo—, aunque suficiente para llevar a cabo medidas de propiedades nucleares significativas.

Kyoto, 1935: Yukawa y la interacción nuclear fuerte

En 1935, el japonés Hideki Yukawa, en la Universidad Imperial de Kyoto, propone un modelo para la fuerza nuclear fuerte, según el cual dicha fuerza sería transportada por partículas de masa intermedia entre la del protón y la del electrón, y que él denominó mesones. Partículas con este tipo de masa, los llamados piones, o mesones pi, fueron observadas por primera vez en 1937 en radiación cósmica. Ello hizo que se tomara seriamente en consideración su teoría, se iniciara el estudio de mesones, y se profundizara en la expresión matemática de la interacción nuclear fuerte.

Reacciones nucleares

El núcleo más estable es el ^{56}Fe, con veintiocho protones y veintiocho neutrones. Núcleos más pequeños tienden a unirse formando un núcleo mayor, en reacciones de fusión. Núcleos mayores tienden a romperse en núcleos intermedios, en reacciones de fisión. Además, hay otros tipos de reacciones nucleares, producidas al hacer chocar núcleos diversos. Aquí sintetizaremos algunos hechos clave en la historia del conocimiento de las reacciones nucleares, de tanta importancia energética, militar, económica y política.

Berlín 1938: Hahn, Strassmann y la fisión del uranio

Otto Hahn y Fritz Strassmann obtuvieron la primera reacción nuclear de fisión a finales de diciembre de 1938 en Berlín. Lanzando neutrones contra núcleos de uranio advirtieron que aparecían átomos de xenón y de estroncio. Lise Meitner y Otto Frisch sugirieron que podía tratarse de una fisión nuclear, y confirmaron esa interpretación en enero de 1939. El uranio 235, al absorber un neutrón, se rompe en dos núcleos intermedios y en dos o tres neutrones. Esto resultaba inesperado, ya que núcleos pequeños eran capaces de absorber un neutrón sin romperse y, en cambio, un núcleo tan grande como el de uranio 235 se rompía. Ello no sucedía, sin embargo, con el uranio 238, la forma más abundante. Este descubrimiento marca el comienzo de la era nuclear. El inicio de la segunda guerra mundial en septiembre de 1939 dará a esos estudios una importancia estratégica que nadie imaginaba. En efecto, al romperse, el uranio 235 puede iniciar una reacción en cadena, con una inmensa explosión, millones de veces superior en potencia a la de cualquier explosivo químico.

La fisión nuclear se da con el uranio 235, que es solo el uno por ciento del uranio que se obtiene de las minas —el noventa y nueve por ciento restante es uranio 238—. Para obtener energía se debe enriquecer el uranio natural hasta que contenga un diez o quince por ciento de uranio 235, mediante diversos tipos de procesos —difusión, ultracentrifugación, ionización óptica selectiva—. De ese combustible puede obtenerse una bomba o una central nuclear, según cual sea su ritmo de reacción. Si es muy rápido, se producirá una explosión, y si es bajo y sostenido, se tendrá una central nuclear.

El proyecto Manhattan: 1939-1945: las primeras bombas nucleares

En agosto de 1939, Leo Szilard, antiguo estudiante de Einstein, le visita en Princeton, donde Einstein se había trasladado tras la victoria de Hitler en Alemania. Szilard le comunica los rumores sobre los progresos en fisión nuclear y la posibilidad de que los alemanes estén trabajando en hacer una bomba nuclear. Einstein escribe al presidente Roosevelt, alertándolo de esa posibilidad. El 1 de septiembre, las tropas alemanas invaden Polonia y empieza la segunda guerra mundial. Roosevelt da luz verde al proyecto secreto Manhattan para la construcción de una bomba nuclear a finales de 1941. En 1943, el proyecto se aceleró, con la construcción de inmensos laboratorios en Los Alamos (Texas) y la contratación de miles de científicos y técnicos, bajo la dirección de J. R. Oppenheimer. La primera bomba, de plutonio, se lanza el 16 de julio de 1945 en el desierto de Alamogordo. El 6 de agosto de 1945, se lanza la bomba sobre Hiroshima, y tres días después sobre Nagasaki. Seis días después, el 15 de agosto, la rendición del Japón pone fin a la guerra.

Chicago 1942: Fermi y la primera pila atómica

En un local bajo las graderías del estadio de béisbol de la Universidad de Chicago, Enrico Fermi —huido de Italia a causa de las leyes raciales promulgadas por el gobierno fascista— y su equipo, consiguieron la primera pila nuclear el 2 de diciembre de 1942. Se iniciaba así la explotación de la energía nuclear de fisión. Sin embargo, la prioridad en aquellos momentos era la bomba nuclear. Por ello, se construyeron varias pilas análogas a las de Fermi para conseguir en ellas plutonio 239, combustible de la primera bomba de ensayo y de la bomba lanzada sobre Nagasaki. El posible doble uso de las centrales de fisión —obtención pacífica de energía,

Figura 4.2. El gran hongo de una explosión nuclear.

o de plutonio para armas nucleares— sigue siendo inquietante en nuestros días.

La energía nuclear fue utilizada en seguida en submarinos nucleares, que adquirieron con ella una autonomía incomparablemente superior a la de los submarinos convencionales. La combinación de bombas nucleares, cohetes autopropulsados y submarinos nucleares dio a los Estados Unidos de América y a la URSS —que consiguió su primera bomba de fisión en 1949— un dominio estratégico extraordinario sobre el mundo, entre 1945 y 1990.

Centrales nucleares de fisión: perspectivas

Según la ecuación de Einstein $E = mc^2$, la desaparición de un gramo de substancia libera tanta energía como la combustión de cuatro toneladas de hulla. Por ello, las reacciones nucleares pueden proporcionar cantidades de energía muy superiores a cualquier otro combustible. El incremento de población mundial, el aumento del consumo de energía, y la preocupación por los posibles efectos climáticos de un incremento de anhídrido carbónico en la atmósfera hacen de la energía nuclear un elemento a tener en cuenta en el abastecimiento energético futuro de la humanidad. Naturalmente, ello conlleva un riesgo: básicamente, una explosión que envíe a la atmósfera cantidades notables de elementos radiactivos que puedan perjudicar a la población, los cultivos y los animales. La experiencia de la explosión de la central de Chernobyl, en Ucrania, en 1996 —y, en menor grado, la de Fukushima, en Japón, en 2010— es un ejemplo de que los temores al riesgo no son infundados, aunque dichos accidentes hubieran sido fácilmente evitables con un mantenimiento más riguroso. No nos corresponde aquí entrar en la cuestión de los riesgos y costes, sino apuntar algunas fronteras de investigación que podrían reducir, en el futuro, algunos de los riesgos.

Una limitación de las centrales de fisión está relacionada con su combustible: el uranio 235, muy minoritario frente al uranio 238. Uno de los problemas técnicos es enriquecer el uranio en el uranio 235. Una alternativa son los reactores autorreproductores, en que los neutrones que chocan con el uranio 238, convenientemente frenados, lo convierten en plutonio 239, que es tan susceptible de fisión como el uranio 235.

Una forma de incrementar la duración del combustible es, pues, conseguir que la cantidad de plutonio 239 producida en el reactor sea suficiente para suplir el uranio 235 consumido.

Una limitación más grave es que los residuos de las centrales son radiactivos, con una semivida larga, lo cual quiere decir que sus efectos se pueden acumular peligrosamente. Una manera de solucionar ese problema consistirá, probablemente, en bombardear esos residuos con partículas aceleradas para convertirlos en isótopos menos radiactivos o inofensivos. Pero ello no es fácil, ya que se deben separar los diferentes isótopos, y tratar a cada uno por separado, de la manera adecuada a sus características.

Reacciones de fusión

Además de las reacciones de fisión, hay las de fusión, en que núcleos pequeños se unen para formar un núcleo mayor. Ejemplos típicos son la fusión de dos núcleos de hidrógeno dando uno de deuterio, de cuatro núcleos de hidrógeno dando un núcleo de helio 4, reacción que se produce abundantemente en las estrellas, a través de un conjunto de procesos complicados, o la fusión de deuterio y tritio dando helio más un neutrón.

Teller (USA, 1952) – Sajarov (URSS, 1955): la bomba de fusión nuclear

Edward Teller —antiguo estudiante de Bohr y Heisenberg— en Estados Unidos y Andrei Sajarov en la URSS, fueron los impulsores de una nueva fase de la carrera de armamento, centrada en las bombas nucleares de fusión. En los Estados Unidos, su desarrollo produjo un gran debate entre científicos que, como Oppenheimer, se oponían al desarrollo de más bombas, y científicos que, como Teller, creían que la mejor manera de asegurar la paz era tener preparados los instrumentos bélicos de respuesta ante una agresión. En lugar del uranio o el plutonio de las bombas de fisión, las bombas termonucleares —encendidas mediante la explosión previa de una bomba nuclear de fisión— se basan en deuterio y tritio. La primera explosión en USA fue el 1 de noviembre de 1952, en un atolón del Pacífico, y la primera de la URSS fue el 22 de noviembre de 1955, en territorio de Kazajstán. En 1961, la URSS hizo explotar la bomba nuclear de mayor potencia de la historia, de 50 megatones (50 millones de toneladas de TNT).

Formación de los núcleos atómicos en las estrellas

Las reacciones de fusión resuelven una de las grandes incógnitas de la física: ¿cuál es el proceso que suministra energía a las estrellas? No puede ser una combustión usual, ya que el Sol ya se habría agotado. En 1939, Alpher, Bethe y Gamow proponen que son reacciones nucleares de fusión (cuatro núcleos de hidrógeno dando un núcleo de helio) las que mantienen la energía del Sol y de muchas otras estrellas. En el Sol, esta reacción solo se lleva a cabo en regiones profundas, donde la temperatura supera los diez millones de grados y la densidad es muy elevada. Curiosamente, la potencia liberada por el Sol por unidad de masa es unas cien veces inferior a la energía metabólica que desprende una célula biológica, ya que una gran parte del Sol no produce energía, sino tan solo la transmite.

Cuando se haya agotado el hidrógeno de esa zona central, el Sol se contraerá ligeramente, aumentando la temperatura de su zona central. Al llegar a unos cincuenta millones de grados empezará una nueva reacción de fusión en que tres núcleos de helio 4 darán un carbono 12. En el caso del Sol, ya no habrá suficiente energía para llegar más lejos en la fusión. Sin embargo, en estrellas mayores, al llegar a unos cien millones de grados un núcleo de carbono 12 se fusiona con uno de helio 4 para dar oxígeno 16; a quinientos millones de grados hay fusiones de núcleos de carbono dando magnesio y rayos gamma, o sodio y un protón. A unos mil millones de grados, dos núcleos de oxígeno se fusionan dando azufre más un rayo gamma o silicio más helio; al llegar a unos mil quinientos millones de grados, dos núcleos de silicio se fusionan en uno de hierro. Así se van formando los elementos químicos en las estrellas, consecutivamente. Durante una etapa de su existencia, las estrellas grandes tienen estructura de cebolla: capas concéntricas formadas por elementos diferentes, los más ligeros en las regiones exteriores, más frías.

El hierro 56 es el núcleo más estable; por ello, los núcleos mayores que él no se producen por adición consecutiva de núcleos pequeños, en procesos vecinos al equilibrio, sino durante la explosión final de las estrellas en supernovas. En efecto, la fusión del silicio dando hierro es muy rápida, lo cual hace que el núcleo interior de la estrella se contraiga rápidamente, que caigan sobre él las capas exteriores, reboten contra el núcleo central y salgan despedidas hacia fuera en una inmensa explosión de luminosidad comparable a la de una galaxia. En esa explosión, los elementos producidos dentro de la estrella se esparcen por el exterior, y algunos de ellos, al chocar violentamente con otros, dan por fusión núcleos más grandes que el hierro. El polvo esparcido alrededor de las estrellas es rico en núcleos pesados, y a partir de él pueden formarse nuevas generaciones de estrellas acompañadas por sistemas planetarios con algunos planetas sólidos.

Centrales de fusión: perspectivas

La reacción de fusión de deuterio y tritio dando helio más un neutrón tiene un combustible más abundante, un rendimiento más elevado y unos residuos menos peligrosos que los de la fisión. Para conseguir fusión nuclear rentable, sin embargo, es necesario conseguir temperaturas muy elevadas —del orden de diez millones de grados— para que los núcleos positivos, que se repelen electrostáticamente, puedan acercarse suficientemente entre sí para que se produzca la fusión. Para confinar el gas ionizado a presiones y temperaturas tan elevadas, es necesario utilizar campos magnéticos muy intensos, ya que ninguna pared material podría resistir esas temperaturas.

Para que la energía liberada por la reacción compense la energía gastada para calentar el plasma —gas ionizado— y producir los campos magnéticos que lo confinan es necesario que el producto de la temperatura por el número de núcleos por unidad de volumen multiplicado por el tiempo que dure esta configuración —muy inestable— de alta densidad y temperatura supere un cierto valor umbral. Diversos procesos físicos hacen que confinar, comprimir y calentar un plasma resulte muy difícil, de manera que los valores conseguidos hasta ahora del producto citado están todavía por debajo del valor necesario. Otros problemas son la acción de los neutrones energéticos sobre las paredes circundantes, que debilita sus materiales y los convierte en radiactivos, y las impurezas de la evaporación de las paredes, que entran en el plasma y reducen su temperatura. Conseguir un reactor comercial de fusión es uno de los grandes objetivos tecnológicos a largo término de la ciencia actual, del cual el proyecto ITER (International Thermonuclear Experimental Reactor), desarrollado en el sur de Francia, es, hoy por hoy, el exponente más avanzado.

5

PARTÍCULAS ELEMENTALES

Partículas elementales e interacciones fundamentales

La física de partículas elementales comienza en 1932, con el descubrimiento del neutrón por Chadwick, en febrero (premio Nobel de Física de 1935) y el del antielectrón (o positrón) por Anderson, en agosto (premio Nobel de Física de 1936). El primero impulsó la física nuclear, y el segundo abrió una nueva perspectiva en la consideración de la materia: la existencia de la antimateria. La consideración de la materia elemental y la visión de las primeras etapas del universo han quedado profundamente marcadas por esos conceptos. En el capítulo 19 exploraremos las resonancias cosmológicas de la física de partículas.

La idea de antimateria había sido propuesta, para el caso concreto del electrón —no en toda su generalidad—, en 1928 por P.A.M. Dirac a partir de una ecuación que generalizaba la ecuación de Schrödinger al caso relativista y unificaba la teoría cuántica con la relatividad especial. Un antielectrón es una partícula con la misma masa que el electrón, carga eléctrica opuesta (como la del electrón pero positiva) y que tiene la característica peculiar de que al chocar con un electrón ambos desaparecen, quedando tan solo radiación electromagnética —aunque se dice que se «aniquilan», esto no es propiamente verdad, ya que tras ellos no queda la nada, sino radiación: el uso de las palabras en física es a veces exagerado—. La posibilidad de un electrón positivo ya había sido propuesta por A. Schuster en 1898, apenas descubierto el electrón, pero no tuvo aceptación. Obsérvese, sin embargo, que la idea de un electrón positivo no implica necesariamente la idea de antimateria: hubiera sido posible un electrón positivo cuyo choque con el electrón negativo no condujera a su mutua aniquilación.

Partícula y antipartícula tienen la misma masa y cargas eléctricas opuestas —el positrón es positivo y el electrón negativo, el antiprotón es negativo y el protón positivo—. En 1955 Segré y Chamberlain descubrieron el antiprotón. Haciendo girar un antielectrón alrededor de un antiprotón se tiene antihidrógeno —conseguido por primera vez en el CERN en 1995—, cuyo espectro de emisión es idéntico al del hidrógeno.

Uno podría preguntarse qué falta hace la física cuántica para describir una hipotética lista de partículas elementales. Se entiende que sea necesaria para describir sus interacciones, pero no es evidente su necesidad para constatar una lista observada experimentalmente. La presencia de antimateria es un buen ejemplo del papel de la cuántica en ese campo: no en la especificación concreta de la lista de partículas, pero sí en su estructura lógica. En efecto: la necesidad lógica de la antimateria en toda su generalidad se sigue de la consistencia mutua entre física cuántica y relatividad especial. En una física puramente clásica, la antimateria no estaría necesariamente prohibida, pero no sería una necesidad lógica, como lo es en la física cuántica. Por otro lado, a nivel de caracterización de las partículas, el espín es una propiedad típicamente cuántica, y juega un papel básico en la clasificación de las partículas.

Inicialmente, los estudios sobre partículas elementales se llevaron a cabo analizando los rayos cósmicos que llegan a la parte superior de la atmósfera. Ello reveló nuevas partículas, como el muón y los piones. A partir de 1940, la utilización de aceleradores hizo surgir una multitud de nuevas partículas: kaones, partículas sigma, lambda, khi, omega... A mayor energía de colisión, más partículas se conseguían y más pesadas resultaban. Esas nuevas partículas no están escondidas en el interior de las partículas conocidas, sino aparecen como consecuencia de la conversión de la energía cinética en materia según la ecuación de Einstein. Entre los grandes aceleradores actuales destacan el CERN (Centre Européen pour la Recherche Nucléaire, fundado en 1954 en Ginebra, y que cuenta actualmente con el acelerador LHC, inaugurado en 2008: el Large Hadron Collider, un gran anillo circular de veintisie-

Figura 5.1. Uno de los detectores del LHC *(Large Hadron Collider)* en el CERN, en Ginebra, durante su montaje. Uno de los aspectos que más impresionan de la física actual es la enorme magnitud de las instalaciones necesarias para estudiar las partículas subatómicas.

te kilómetros de longitud a unos cien metros bajo tierra) y el Fermilab, fundado en 1968, cerca de Chicago.

A mitades de la década de los 1960, el número de partículas elementales conocidas superaba los dos centenares, la gran mayoría de ellas con una vida muy breve, entre milésimas y billonésimas de segundo. El incremento desbocado en el número de partículas, mucho más rápido que los progresos en las teorías físicas subyacentes, hizo que se llegara a poner en cuestión la posibilidad de una descripción simple de toda la materia en términos de un número reducido de partículas, y pareció que la idea del filósofo griego Anaxágoras, de una infinita diversidad esencial, pudiera ser la más adecuada a la realidad.

La clasificación de todas esas partículas resultó difícil. El criterio básico de ella es que unas partículas son sensibles a la interacción nuclear fuerte, y se denominan hadrones —de la palabra griega *hadros*: vigoroso, fuerte— en tanto que otras son insensibles a esa interacción y se denominan leptones —de la palabra griega *leptos*: ligero—.

1961: Gell-Mann y los quarks

En 1961, Gell-Mann y Zweig propusieron, independientemente, que los hadrones están compuestos por quarks —nombre propuesto por Gell-Mann a partir de una frase de James Joyce en el Finnegan's Wake: *«three quarks for muster Mark». Al principio, bastaron tres quarks,* u, d *y* s, *de cargas eléctricas fraccionarias (la del quark* u *es positiva, igual a 2/3 de la carga del electrón, en valor absoluto, y* d *y* s *son negativas, con carga igual a 1/3 de la del electrón), para dar razón de todos los hadrones conocidos. El protón y el neutrón, considerados antes como partículas elementales, pasaron a ser considerados como compuestos de tres quarks —el protón, formado por la combinación* uud, *y el neutrón, por la*

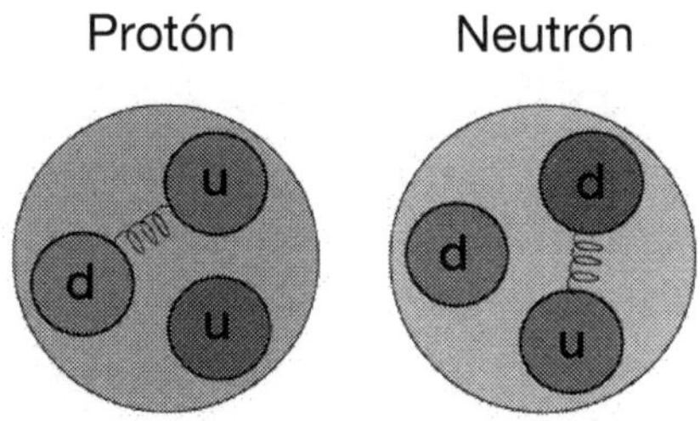

Figura 5.2. El protón no es una partícula elemental, sino compuesta por dos quarks *u* (*up*) y uno *d* (*down*), y de los gluones intercambiados entre ellos. Lo mismo sucede con el neutrón, compuesto por un quark *u* y dos quarks *d*.

udd. *Experimentos efectuados en 1969 lanzando electrones de gran energía contra protones y neutrones confirmaron que estos no son diminutas esferas cargadas homogéneamente, sino que parecen estar compuestos por tres cargas fraccionarias que se mueven en su interior.*

Quarks

Los hadrones, a su vez, se clasifican en bariones (pesados como el protón o más) y los mesones (de masa intermedia, entre la del protón y la del electrón). Los bariones están formados por tres quarks y los mesones por dos. Cada partícula se caracteriza por su masa, su carga eléctrica, su espín, y una magnitud llamada extrañeza (que posteriormente se relacionó con su número de quarks extraños, *s*). Algunos de los bariones formados por los quarks *u*, *d* y *s* son, además del protón y el neutrón: ⊠$^{-}$ (*dds*), ⊠$^{\circ}$ (*dus*), ⊠$^{\circ}$ (*dus*), ⊠$^{+}$(*uus*), Ξ^{-} (*dss*), Ξ° (*uss*), ⊠$^{-}$ (*ddd*), ⊠$^{\circ}$ (*ddu*), ⊠$^{+}$(*uud*), ⊠$^{++}$(*uuu*), ⊠$^{-}$ (*sss*). Designando por *u'*, *d'* y *s'* los antiquarks respectivos, algunos mesones y su composición en quarks son, por ejemplo: K° (*ds'*), K^{+}(*us'*), π^{-} (*du'*), π° (uu') o (dd'), π^{+} (*ud'*), K^{-} (*su'*), K'° (*sd'*). Mediante teorías matemáticas de simetrías de grupos, Gell-

Mann consiguió clasificar las partículas conocidas y predecir algunas que no habían sido aún observadas.

Aunque ese modelo de quarks fue muy eficaz para describir y clasificar los bariones y mesones conocidos en los años 1960, tuvo que ser generalizado. En 1974, experimentos de Ting y Richter obligaron a añadirle un cuarto quark, el *c* (*charm*, o encanto, de carga 2/3, mucho más pesado que los anteriores). Esa adición supuso una revolución en la física de partículas e hizo sospechar de la existencia de dos quarks más. En efecto, en 1977 fue descubierto el quark *b* (*bottom*, carga −1/3) y en 1994 el quark *t* (*top*, carga 2/3), de una masa inesperadamente elevada (175000 MeV en lugar de los 5000 MeV de masa del quark *b*, donde 1 MeV es un millón de electronvoltios, eV).

Durante años, uno de los objetivos de la física experimental de altas energías fue conseguir algún quark libre, pero no se logró. Al final, se comprendió que la fuerza entre los quarks aumenta con la distancia, como si estuvieran unidos por una goma elástica muy fuerte. Así, una vez se han separado bastante, la goma se rompe, y su energía da nuevos quarks ligados a los anteriores, en lugar de conseguir los quarks separados. Actualmente, se pretende observar una transición entre la materia nuclear —en que los quarks están confinados de tres en tres dentro de protones y neutrones— y un plasma de quarks y gluones (explicaremos el concepto de gluones un poco después), en que los quarks estarían agrupados en una nube muy energética, sin estar confinados. Para ello, es necesario alcanzar temperaturas del orden de decenas de billones de grados, y densidades asimismo muy elevadas. En principio, eso se puede conseguir haciendo chocar iones pesados (de oro o de plomo, por ejemplo), a velocidades muy elevadas el uno contra el otro, de forma que su energía cinética se convierta en energía interna del núcleo y permita la transición de fase. Se cree que esa transición, pero en sentido opuesto (pasando de plasma de quarks y gluones a bariones) tuvo lugar en el universo primitivo, cuando apenas contaba una billonésima de segundo (en el capítulo 19 trataremos esos aspectos cosmológicos). Ello se persigue actualmente en el RHIC (Relativistic Heavy Ion Collider) en Brookhaven, cerca de Nueva York, y en el acelerador LHC del CERN, en Ginebra. El plasma de quarks y gluones formado en esas colisiones duraría apenas algunas milmillonésimas de segundo, pero se podría reconocer si se ha conseguido o no por un incremento notable de partículas con quarks *s* entre las resultantes de la colisión, en comparación con las que se observaría si no se hubiera conseguido dicho plasma.

Leptones

La denominación leptón se utiliza para referirse a partículas parecidas al electrón o al neutrino electrónico, que no son sensibles a la interacción nuclear fuerte. Conocemos seis leptones: electrón, muón, tauón, neutrino electrónico, neutrino muónico y neutrino tauónico; el muón (observado por primera vez en 1936) y el tauón (observado en 1974) son básicamente como el electrón, pero con mayor masa (unas doscientas veces mayor el muón y unas tres mil quinientas veces mayor el tauón).

Suscitan bastante más interés los neutrinos, por sus características mucho más sorprendentes: el neutrino electrónico fue propuesto teóricamente en 1930 por Pauli, y observado por primera vez en 1956; en 1962, se sugirió la existencia del neutrino muónico, y posteriormente la del neutrino tauónico, observados poco después. Los neutrinos no tienen carga eléctrica, no son sensibles a las interacciones nucleares fuertes, tienen masa muy pequeña —durante muchos años se creyó que nula—, y van prácticamente a la velocidad de la luz. Debido a su poca capacidad de interacción, atraviesan la Tierra entera casi sin interaccionar con ella, cosa que les hace especialmente fascinantes y misteriosos.

En el Sol se producen abundantes neutrinos —dos por cada núcleo de helio que se forma a partir del hidrógeno, ya que el neutrino electrónico se produce cuando un protón se convierte en neutrón más electrón más neutrino—. A diferencia de los fotones, que tardan más de mil años en poder salir desde la zona profunda del Sol donde tiene lugar la fusión nuclear del hidrógeno, ya que van chocando con los muchísimos electrones que encuentran en su camino, los neutrinos tardan tan solo unos pocos segundos, porque prácticamente no interaccionan. Algunos de ellos son detectados en grandes laboratorios situados unos dos kilómetros bajo el suelo, lo que permite evitar las perturbaciones del mundo exterior.

Mediante la detección de neutrinos, desde bajo tierra se puede observar, prácticamente en tiempo real —con unos pocos minutos de retraso— la zona central del Sol donde tiene lugar la fusión nuclear del hidrógeno. Si esta se detuviera de repente, la luz del Sol nos seguiría llegando durante varios siglos, pero los neutrinos nos informarían de que su centro se ha apagado. Asimismo, la supernova del veintitrés de febrero de 1987 fue detectada antes bajo tierra que en ningún observatorio astronómico, porque los neutrinos tardan mucho menos que los fotones en atravesar la espesa capa de polvo que rodea las supernovas durante las primeras horas de la explosión. El laboratorio de neutrinos puso en sobreaviso a los observatorios astronómicos, indicándoles en qué dirección del espacio debían acechar y, efectivamente, pocas horas después empezaron a llegar las imágenes de la explosión de la supernova.

Entre 1960 y 1990, los científicos se enfrentaron con perplejidad al «enigma del déficit de neutrinos solares». En efecto, solo se observaba una tercera parte de los neutrinos esperados. Por aquel entonces se creía que los neutrinos electrónicos que salían del Sol llegaban a la Tierra como neutrinos electrónicos. En 1998, sin embargo, se observó que su masa no es nula, aunque sí muy pequeña. Ello conlleva unas curiosas oscilaciones de identidad entre los tres tipos de neutrinos, de manera que tan solo un tercio de los neutrinos electrónicos emitidos por el Sol llegan a la Tierra en dicha forma, en tanto que las otras dos terceras partes lo hacen como neutrinos muónicos y tauónicos. Al usar detectores sensibles a estos dos tipos de neutrinos, se observó que el número total de neutrinos detectados era el esperado.

El modelo estándar

El modelo actual de la materia elemental es el siguiente. La materia está compuesta de quarks y de leptones. Hay tres generaciones de quarks y tres de leptones, estrechamente relacionadas entre sí. La primera generación, la de partículas más ligeras, está compuesta por los quarks *u* y *d* y los leptones *e* (electrón) y neutrino electrónico. La segunda generación, en orden creciente de masa, consta de los quarks *s* y *c* y los leptones muón y neutrino muónico. La tercera generación está integrada por los quarks *b* y *t* y los leptones tauón y neutrino tauónico.

Cada quark se presenta en tres formas —colores— diferentes —azul, verde, rojo—, que no corresponden a colores reales, sino indican simbólicamente una carga intrínseca de los quarks que puede presentar tres valores —tal como los colores que podemos percibir pueden ser expresados en función de tres colores primarios—. Las cargas de color son la base de la interacción fuerte entre los quarks. Esta denominación de las cargas ha llevado al nombre de cromodinámica cuántica para la teoría actual de las interacciones nucleares fuertes, que son consideradas como interacciones entre las cargas de color de los quarks de nucleones vecinos. Cada partícula tiene, además, su antipartícula correspondiente.

Los quarks se agrupan de tres en tres, con lo cual forman los hadrones pesados o bariones, o de dos en dos, y forman los mesones. Esas combinaciones corresponden al color «blanco», es decir, neutro con respecto a la carga de color, ya que están formadas por la suma de tres colores primarios, o por la de un color y su complementario. También se ha especulado sobre la existencia de pentaquarks, formados por cinco quarks.

Respecto a los leptones, ya les hemos dedicado atención en los párrafos anteriores. Las partículas muón y tauón son como electrones, pero con masas mayores. Si se hace orbitar un muón alrededor de un protón se obtiene un átomo cuyo radio es unas doscientas veces menor que el del hidrógeno.

La primera generación de quarks y leptones compone la práctica totalidad de la materia que nos rodea: protones, neutrones y electrones. ¿Qué representan las otras dos generaciones? ¿Cómo sería la realidad sin ellas? Parece que si no hubiera tres generaciones de quarks no se habría roto la simetría entre materia y antimateria y todo el universo sería de luz, ya que la materia se habría aniquilado con la antimateria, dando radiación: trataremos esa cuestión en el capítulo 19.

Las interacciones básicas

Conocemos cuatro interacciones básicas entre las partículas: gravitatoria, electromagnética, nuclear débil y nuclear fuerte. La primera hace que los cuerpos caigan al suelo, que la Luna gire alrededor de la Tierra y los planetas alrededor del Sol, que se formen las estrellas, que se mantengan las galaxias, y juega un papel primordial en astrofísica y en cosmología. La gravitación fue descrita matemáticamente por primera vez por Newton, en 1687; en 1915, Einstein propuso una descripción diferente, basada en la curvatura del espacio-tiempo, en una teoría que se reduce a la de Newton en la mayoría de situaciones, pero que se diferencia de ella en diversos aspectos: la propagación de señales con velocidad finita, la predicción de ondas gravitatorias, la desviación de la luz por efecto de la gravedad, la influencia de la gravedad sobre el paso del tiempo —a mayor gravedad, más lentamente pasa el tiempo—, y correcciones sustanciales a la expresión de Newton cuando la gravitación es muy intensa, conduciendo, por ejemplo, a los agujeros negros.

La interacción electromagnética causa la cohesión de los átomos y las moléculas, y constituye la base de las ondas electromagnéticas, entre las cuales la luz, los rayos X, los rayos gamma, y las ondas de radio, televisión y telefonía móvil. Su descripción matemática se consiguió en 1865, con las ecuaciones de Maxwell, que unifican las fuerzas eléctricas y magnéticas, consideradas antes como fuerzas diferentes, en una sola interacción.

Las interacciones gravitatoria y electromagnética tienen largo alcance. Ahora bien: así como las cargas eléctricas positivas neutralizan las negativas, en la interacción gravitatoria las masas siempre se suman. Por eso, las interacciones electrostáticas entre los objetos celestes son despreciables, y solo son relevantes las interacciones gravitatorias.

A diferencia de las dos interacciones mencionadas, las interacciones nucleares tienen alcance muy corto, comparable al radio de los protones y neutrones. La interacción nuclear fuerte une protones y neutrones en los núcleos atómicos, y de ella proceden las grandes cantidades de energía liberadas en las reacciones nucleares, que constituyen la fuente energética de las estrellas. Sin esa interacción atractiva, los núcleos se romperían, a causa de la repulsión electrostática entre los protones. Esta interacción se describe actualmente mediante la llamada cromodinámica cuántica. La interacción nuclear débil convierte protones en neutrones y viceversa, y desempeña un papel importante en la desintegración beta y en muchas reacciones nucleares.

Interacciones y simetrías

La física ha tenido siempre mucho interés en explorar las simetrías más diversas y sutiles. Al estudiar las interacciones, se toma en consideración tres tipos de simetrías: la de paridad (simetría P), que corresponde a la simetría entre la física del mundo real y la física del mundo visto en un espejo; la de inversión temporal (simetría T) o simetría entre el mundo real y el mundo que fuera hacia atrás en el tiempo; y la de conjugación de carga (o simetría C), o simetría entre el mundo real y el mundo resultante de cambiar cada partícula por su antipartícula y viceversa. Intuitivamente, uno podría pensar que cada una de esas tres simetrías se satisfacen, pero en realidad solo se puede demostrar matemáticamente la conservación de la composición de las tres simetrías, o simetría CPT.

La consideración de las simetrías abre nuevas visiones sobre las fuerzas. Así, la interacción nuclear débil rompe la simetría entre derecha e izquierda —o simetría de paridad, conservada por las otras interacciones—. En 1957 se observó que la desintegración beta —típica de la interacción débil— funciona de manera ligeramente diferente según la orientación de los núcleos en un campo magnético: no tiene las mismas características en un espejo que en la realidad. Otra manifestación de esa curiosa ruptura de simetría entre derecha e izquierda es la observación de que los neutrinos son levógiros —giran hacia la izquierda a medida que avanzan— en tanto que los antineutrinos son dextrógiros —giran a la derecha a medida que avanzan—.

Otra intrigante ruptura de simetría es la de la inversión temporal. En 1964 se descubrió la ruptura de esa simetría en la desintegración de los kaones neutros. En el capítulo 19 comentaremos la relación entre ese proceso y un posible mecanismo de ruptura de simetría entre materia y antimateria, esencial para que el universo pueda contener materia y no tan solo radiación. Sin embargo, esa ruptura —relacionada con la ruptura de la simetría CP— es mucho menos frecuente que la ruptura de la simetría C mencionada antes.

La unificación de las interacciones

Uno de los objetivos más ambiciosos de la física es llegar a unificar todas esas interacciones en una sola, tal como las interacciones eléctrica y magnética fueron unificadas por Maxwell en la interacción electromagnética. Aunque no es una necesidad lógica, perseguir ese objetivo —más bien metafísico, teológico o místico—, tan apreciado por Einstein, ha sido una fuente constante de inspiración y progreso durante más de medio siglo.

La primera unificación, tras la electromagnética, fue la de las interacciones electromagnéticas con las interacciones nucleares débiles. Unificar esas dos interacciones parece, en principio, una quimera, ya que la interacción electromagnética tiene alcance infinito, en tanto que la nuclear débil tiene un alcance del orden del radio del protón. No resulta en absoluto intuitivo que ambas fuerzas se tengan que unificar. Sin embargo, a medida que se estudiaba el comportamiento de las interacciones a mayores energías se fue advirtiendo que sus características resultaban menos diferentes. Se cree que a energías superiores a los 100 GeV (1 Gev son mil millones de electronvoltios), ambas interacciones confluirían en una sola. Así, al hablar de unificación electrodébil estamos utilizando los términos de forma ligeramente diferente que en la unificación electromagnética. En esta última, las ecuaciones describen tanto la fuerza eléctrica como la magnética a las energías que conocemos. En el caso electrodébil, la teoría unifica ambas interacciones a energías elevadas pero a energías bajas describe las interacciones como considerablemente diferenciadas.

La unificación electrodébil

Las interacciones electromagnética y nuclear débil fueron unificadas por Glashow, Weinberg y Salam, en 1968. En 1961, Glashow generalizó algunos modelos previos de unificación electrodébil, incorporando la posibilidad de corrientes neutras, relacionadas con una cierta partícula neutra Z^0. En 1968, Weinberg y Salam introdujeron la idea de ruptura de simetría entre las masas de los bosones intermediarios, es decir, la masa de los bosones W^+, W^- y Z^0, que debe ser muy grande para que la interacción débil tenga alcance corto. La observación en el CERN de la partícula Z^0 en 1973, y la confirmación de otras predicciones de la teoría, hicieron que Glashow, Weinberg y Salam recibieran el premio Nobel de Física de 1979.

Partículas intermediadoras de las fuerzas

Al estudiar el átomo de Bohr hemos cuantizado las órbitas de los electrones, pero hemos seguido utilizando la expresión clásica de la ley de Coulomb. Esto no explica por qué en esas órbitas no se emite radiación. Para ello se debe cuantizar también el campo eléctrico —y las otras interacciones en general—. Al hacer eso, la dualidad onda-corpúsculo hace que la mecánica cuántica asocie una partícula a cada interacción, y considere la interacción como un intercambio de tales partículas. Cuanto más pesadas son dichas partículas, más reducido es el alcance de la interacción correspondiente. A las partículas características de la materia —quarks y leptones— es necesario añadirles, pues, las partículas de las interacciones.

Las partículas de la materia elemental tienen espín semientero y obedecen la estadística de Fermi, que limita el número de partículas que puede haber en un estado; en cambio, las partículas asociadas a las interacciones tienen espín entero y obedecen la estadística de Bose-Einstein, que permite que haya muchas partículas en un mismo estado. En la estadística de Fermi las partículas son como los pasajeros que suben a un vagón vacío y se dispersan por asientos bien separados, en tanto que en las de Bose tienden a agruparse.

En la segunda cuantización, la interacción electromagnética es considerada como un intercambio de fotones, de masa nula. En la teoría unificada de las interacciones electromagnética y nuclear débil, la fuerza débil está mediada por las partículas W^+, W^- y Z°. Tales partículas, predichas por la teoría de Weinberg y Salam, tienen masa considerable (de unos 85000 MeV), lo que da razón del corto alcance de la interacción. Mérito especial de Weinberg y Salam fue idear un mecanismo para explicar por qué esas partículas tienen tanta masa, y por qué los electrones tienen masa muy superior a la de los neutrinos. En este mecanismo intervendría una partícula adicional, el llamado bosón de Higgs.

Cromodinámica cuántica: interacción fuerte

La interacción nuclear fuerte se atribuye a las cargas de color de los quarks y se describe mediante la cromodinámica cuántica. Se considera que corresponde a un intercambio de partículas de masa nula denominadas gluones (de la palabra inglesa *glue*: adhesivo, que a su vez procede de la palabra griega *gluos*, con el mismo significado). Aunque su masa nula podría hacer pensar en un alcance infinito de la interacción, los gluones están cargados —carga de color— e interaccionan fuertemente entre sí, a diferencia de los fotones, que son neutros y no interaccionan. Según sus cargas, hay ocho tipos de gluones diferentes. La interacción entre ellos es tal que la intensidad de la interacción fuerte aumenta muy rápidamente al crecer la separación entre los quarks e impide encontrar quarks aislados, en tanto que a cortas distancias los quarks casi no interaccionan, como si estuvieran totalmente libres: esa propiedad de la interacción fuerte se conoce como libertad asintótica.

A efectos de completitud, conviene mencionar que la interacción gravitatoria estaría asociada con el intercambio de hipotéticos gravitones, que serían los quanta de esta interacción, y estarían asociados a las ondas gravitatorias —ondas de curvatura del espacio-tiempo, propuestas por Einstein en 1915 pero todavía no observadas— tal como los fotones lo están a las ondas electromagnéticas.

Más allá del modelo estándar

Tenemos, así, una clasificación de la materia elemental y de sus interacciones. Se plantean, en seguida, nuevas preguntas: ¿podría haber más generaciones de quarks y leptones? ¿Podría haber una realidad más microscópica tras ellos? ¿Podría haber otros tipos de interacciones, todavía no conocidos?

La búsqueda de una realidad más elemental y profunda que quarks y leptones ha sido estimulada por las complejidades del modelo estándar. El modelo no es simple: hay dieciocho quarks —seis sabores por tres colores—, tres leptones cargados y sus neutrinos correspondientes: veinticuatro partículas, más sus veinticuatro antipartículas. En lo que respecta a partículas intermediadoras de las interacciones hay ocho gluones, el fotón, tres bosones de la interacción débil, el gravitón, y el bosón de Higgs. En total, hay sesenta y dos partículas elementales. Hay, además, veinte parámetros numéricos —constantes físicas, masas de los quarks, de los leptones, de los bosones Z y W, y otros parámetros que describen la intensidad de las interacciones—, de manera que nos hallamos con una teoría poco satisfactoria en lo que respecta a su elementalidad. Además, los valores de esas constantes juegan un papel relevante en el contenido del universo, como veremos en el capítulo 19.

El modelo estándar no explica por qué hay tres generaciones de partículas, ni por qué las masas de las diversas partículas y otras constantes físicas tienen el valor que tienen, ni por qué la carga del protón es igual, en valor absoluto, a la del electrón. Para superar esas limitaciones, ha habido diversos intentos de ir más allá del modelo estándar y unificar las fuerzas.

Algunos de ellos intentan unificar las interacciones electrodébiles y fuertes —son las teorías de gran unificación o GUT—. Uno de sus ingredientes es la supersimetría, que relaciona fermiones —partículas de materia— y bosones —partículas intermediadoras de las interacciones—. En la supersimetría, a cada uno de los fermiones conocidos se le asigna un bosón, y viceversa. Por ello, se incrementa el número de partículas elementales con las partículas simétricas de las actuales en lo que respecta al espín. A cambio, reducen mucho el valor de la energía del vacío cuántico, ya que las contribuciones de los fermiones a la densidad de energía del vacío se cancela con la de los bosones; sin la supersimetría, la densidad teórica de energía del vacío parece ser unos ciento veinte órdenes de magnitud mayor que el valor observado. Las partículas supersimétricas son buscadas en el LHC pero todavía no han sido observadas.

Algunas de esas teorías permiten la desintegración del protón, que es estable en las teorías no unificadas. Muchos años de investigación en ese fenómeno, sin embargo, apuntan a la conclusión de que el protón no se desintegra, o lo hace con una semivida más larga que la edad del Universo.

La integración de la gravitación en un esquema unificado supone problemas mucho más importantes que los de una unificación de fuerzas electrodébiles y fuertes, y requiere una teoría cuántica de la gravitación, todavía no conseguida, pese a diversas teorías que apuntan posibilidades interesantes.

La teoría de supercuerdas: dimensiones adicionales

A finales de los años 1980 recibió un gran impulso una nueva manera de considerar la estructura fundamental de la materia: la teoría de supercuerdas, en que se englobarían las cuatro interacciones conocidas y según la cual las partículas serían excitaciones de unas diminutas cuerdas elementales, de longitud del orden de la longitud de Planck (10^{-35} m, como veremos en el capítulo 17), que podrían tener diversos modos de oscilación, tal como las cuerdas de guitarra pueden vibrar en diversos armónicos. La teoría tiene, así, un cierto sabor pitagórico, en que el fundamento de todo son los números y las armonías de las vibraciones. Al hablar de supercuerdas, no nos referimos pues a cuerdas grandes, sino a cuerdas que cumplen la condición de supersimetría, mencionada anteriormente: es decir, que hacen corresponder un fermión a cada bosón y viceversa.

Esas teorías parecen conseguir unificar las cuatro interacciones básicas, y ponen de manifiesto una simetría muy elevada a energías muy altas —simetría que, al romperse a energías más bajas, produce la impresión de la multiplicidad de interacciones—. Curiosamente, su consistencia matemática —en concreto, evitar que una serie de expresiones tengan valor infinito— exige que el espacio no tenga tres dimensiones, sino nueve —o veinticinco, pero no un número arbitrario de ellas—. Seis de esas nueve dimensiones estarían profundamente replegadas o compactificadas en pequeños espacios de radio minúsculo, un billón de billones de veces más pequeño que el radio del protón.

La idea según la cual el espacio debería tener más de tres dimensiones fue propuesta por Kaluza y Klein en los años 1930, en un intento de unificar electromagnetismo y gravitación. Por ahora, las grandes dificultades matemáticas de las teorías de supercuerdas, la dificultad de efectuar predicciones observables, y la falta de unicidad de soluciones, han retrasado su progreso. En efecto, la teoría conduce a cinco grandes posibilidades, llamadas de tipo I, tipo IIA, tipo IIB, heterótica E8 x E8 y heterótica SO(32). La teoría I difiere de las otras cuatro en el hecho de que sus cuerdas pueden ser bucles cerrados o cuerdas abiertas, en tanto que en las demás solo hay bucles cerrados. Las teorías difieren en la forma de vibración de las cuerdas y en la interacción entre sus vibraciones. Esa multiplicidad de resultados resulta decepcionante, ya que se quería hallar una teoría única en que todas las constantes universales de la física quedaran determinadas unívocamente, pero no se ha logrado. A pesar de sus limitadas aportaciones físicas, sin embargo, ha conducido a progresos en campos matemáticos como la topología o la teoría de números, a partir de los importantes resultados de Witten.

La teoría M

Hacia 1995, Edward Witten, del Instituto de Estudios Avanzados de Princeton, propuso la llamada teoría M (la M viene originalmente de membrana, pero se ha propuesto que también podría significar mágica, misteriosa), que trabaja con espacio-tiempo de 11 dimensiones en lugar de 10, y que es capaz de establecer relaciones detalladas entre las cinco familias de soluciones de la teoría de supercuerdas. En efecto, desde 1990 se habían hallado dualidades o equivalencias sutiles entre las cinco teorías conocidas, de modo que la posibilidad de que haya una solución única, de la cual las cinco teorías de supercuerdas sean representaciones parciales, ha vuelto a emerger en la teoría M.

Así, entre las teorías IIA y IIB, así como entre las dos teorías heteróticas, hay una relación de dualidad según la cual la descripción de cuerdas de radio R en una teoría es análoga a la de cuerdas de radio 1/R en la otra teoría. Asimismo, entre la teoría de tipo I y la teoría heterótica SO(32) hay otro tipo de dualidad, consistente en que el comportamiento a energías elevadas en la una es análogo al comportamiento a energías bajas en la otra. Algunos autores suponen que la teoría M podría ser la teoría definitiva, y que según las condiciones en que se aplique, se manifestará como una u otra de las cinco teorías de supercuerdas.

Observemos pues que, en un principio, teníamos cuatro interacciones; el deseo de unirlas en una sola ha conducido a teorías muy complicadas, sin nuevas predicciones observables por ahora, y que en lugar de tener cuatro fuerzas tienen cinco formas diferentes y no indican el valor de las constantes —en el capítulo 19, sobre cosmología, nos volveremos a referir a esa cuestión desde otra perspectiva diferente—. Uno puede preguntarse qué se ha ganado realmente en este proceso. Si el objetivo era llegar a una descripción más compacta, no se ha conseguido. Ello no excluye que la aventura no haya sido interesante y haya abierto perspectivas nuevas y reflexiones sorprendentes, pero tampoco podemos excluir que tal vez convenga ensayar nuevas estrategias en el futuro.

6

LABERINTOS ELECTRÓNICOS
La revolución electrónica

En este capítulo nos ocuparemos de algunos descubrimientos en que la física cuántica manifiesta el atractivo de las revoluciones tecnológicas, con un alto impacto sobre la vida cotidiana y sobre la actividad industrial y económica. Tecnológicamente, nuestra sociedad depende en buena parte de instrumentos, técnicas, memorias y controles basados en la electrónica, cuyas sutilezas se fundamentan en la física cuántica. Sin una visión clara de los fundamentos físicos, la exploración de las aplicaciones habría sido lenta y vacilante. Lejos de ello, la carrera tecnológica ha tenido una efectividad, un ritmo, una audacia, una potencia transformadora incomparables. Sus éxitos han ido realimentando la tecnología: la disponibilidad de nuevos dispositivos permite nuevos proyectos, los cuales estimulan a su vez la investigación de nuevos dispositivos. A diferencia de lo que ocurre con la también poderosa revolución nuclear, la revolución electrónica cuenta con un amplio respaldo público que va más allá del simple consumo utilitario y se convierte en auténtico entusiasmo por la innovación.

Conducción eléctrica

El estudio de la electricidad se inició a mediados del siglo XVIII, con atención a la electrostática, es decir, a las fuerzas entre partículas cargadas inmóviles. La ley de Coulomb, de 1785, proporcionó una descripción matemática elegante y eficaz de dichas fuerzas. Los experimentos de Galvani sobre los efectos fisiológicos de la electricidad empezaron a enfocar la atención en las corrientes eléctricas, campo que ganó un gran impulso con la pila de Volta (1800), que permitió disponer de fuentes estables de corriente. Las observaciones de Ohm sobre la relación entre la intensidad de corriente y la diferencia de potencial (1826), establecieron el concepto de resistencia eléctrica, como cociente entre la diferencia de potencial aplicada y la intensidad de corriente.

Hay materiales conductores de electricidad, como los metales, y materiales aislantes, como las cerámicas. La diferencia entre ellos resulta, en principio, bastante intuitiva: los conductores tienen cargas eléctricas libres, que se pueden desplazar, mientras los aislantes tienen todas sus cargas fijadas. Relacionar los distintos valores de la conductividad eléctrica con la estructura de los materiales fue convirtiéndose en un problema cada vez más atractivo en la física de la segunda mitad del siglo XIX.

No hizo falta la física cuántica para advertir que la estructura de los metales es una red de iones positivos, en el seno de la cual hay electrones libres. Los electrones no se pueden escapar porque quedan retenidos por las cargas positivas de la red, pero se mueven dentro de ella con gran libertad. Si se les aplica una diferencia de potencial eléctrico entre dos puntos del material, actúa sobre los electrones una fuerza que los acelera. Al irse desplazando, los electrones van chocando con los iones de la red, de manera que no se aceleran indefinidamente, sino que se llega a una situación en que el frenado ejercido por los choques con la red y la aceleración producida por la fuerza eléctrica exterior se compensan mutuamente y se llega a una velocidad constante, que se traduce en una corriente eléctrica.

La resistencia eléctrica es una consecuencia de las colisiones de los electrones contra la red. Cuanto más frecuentes sean, más difícil resultará que los electrones se muevan con velocidad elevada. Así pues, la resistencia eléctrica dependerá de la concentración de electrones libres por unidad de volumen —cuantos más electrones libres, más corriente se podrá conducir— y del tiempo entre colisiones sucesivas entre electrones y red —cuanto mayor el tiempo entre las colisiones, más se pueden acelerar los electrones—. Como la red vibra más cuanto mayor es la temperatura, mayores son las probabilidades de colisión de los electrones, y la resistencia del metal aumenta con la temperatura. Las colisiones de los electrones ceden energía a la red, de manera que el paso de una corriente calienta el metal. Joule, hacia 1850, estudió este fenómeno, conocido desde entonces como efecto Joule. Este calentamiento es la base de las estufas eléctricas, de los hornos y fogones eléctricos, y de las bombillas de incandescencia, por poner algunos ejemplos bien conocidos.

Hacia la misma época, Faraday estudió la corriente eléctrica en disoluciones electrolíticas —disoluciones de iones—, con importantes resultados para el procesamiento industrial de materiales, almacenamiento de energía en baterías eléctricas y nuevas informaciones sobre la estructura de la materia. Sus descubrimientos sobre inducción magnética fueron la base de motores eléctricos y de centrales eléctricas, grandes protagonistas de la segunda revolución industrial del siglo XIX.

En 1874 se descubrieron los semiconductores. Esos materiales, como su nombre sugiere, no son ni totalmente conductores ni totalmente aislantes. Al revés de lo que ocurre con los metales, su resistencia disminuye al aumentar la temperatura y algunos efectos magnéticos sobre ellos tienen signo opuesto al que tienen en los metales. Ello resultaba incomprensible desde la perspectiva clásica de la física de los materiales.

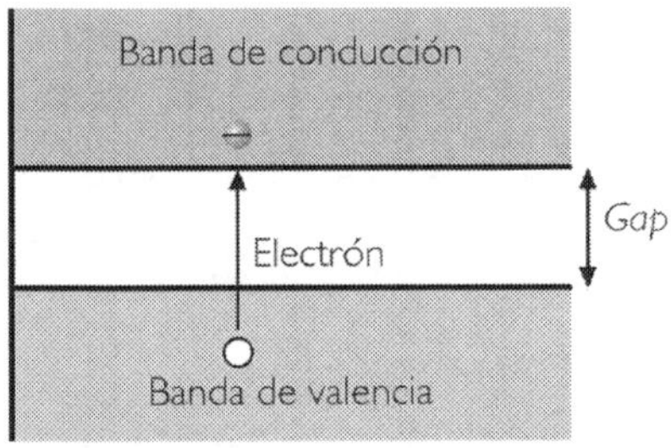

Figura 6.1. Banda de valencia (de electrones sedentarios) y banda de conducción (de electrones nómadas). Entre ellas, el intervalo prohibido (o *gap*).

También aquí, la física cuántica contribuyó a la comprensión del fenómeno. Al describir el comportamiento de los electrones en un material macroscópico, se obtienen unas órbitas colectivas agrupadas en dos grandes bandas: una de baja energía, o banda de valencia, correspondiente a los electrones localizados en átomos concretos y en sus enlaces con átomos vecinos y que, por ello, no pueden desplazarse. La otra banda, de más energía, es la banda de conducción, correspondiente a los electrones que pueden desplazarse. Entre los niveles de mayor energía de la banda de valencia y los de menor energía de la banda de conducción hay un intervalo de energías prohibidas (también llamado *gap*), donde no puede haber electrones.

Electrones y agujeros

En los aislantes, todos los electrones se hallan en la banda de valencia y no se desplazan. El intervalo de energías prohibidas es muy grande en comparación con la energía ambiente. En los metales, la banda de valencia está llena pero la banda de conducción también se halla muy poblada. El intervalo de energías prohibidas es muy estrecho o nulo. En los semiconductores, casi todos los electrones están en la banda de valencia, pero el intervalo entre esta y la banda de conducción no es muy ancho —en el silicio, el intervalo prohibido es unas veinte veces la energía térmica ambiente—. Por ello, algunos electrones pueden saltar de la banda de valencia a la de conducción y contribuir a la conductividad del material. El número de electrones capaces de saltar a la banda de conducción aumenta mucho con la temperatura, lo cual explica que la conductividad aumente —y la resistencia disminuya— cuando aumenta la temperatura. Pero como consecuencia del principio de exclusión de Pauli, cuando un electrón salta a la banda de conducción deja un agujero en la banda de valencia. Ese agujero actúa como una carga positiva que se desplaza en sentido opuesto al de los electrones, y contribuye a la conducción.

Los materiales semiconductores más usuales, el silicio y el germanio, tienen cuatro electrones en la última capa de sus átomos, y ello hace que se enlacen con otros cuatro átomos, compartiendo con cada uno de ellos un par de electrones. Así, cada átomo consigue tener ocho electrones en la última capa —cuatro propios y cuatro compartidos—. Todos esos electrones están localizados.

Una manera de aumentar el número de electrones en la banda de conducción, consiste en introducir en el material semiconductor un pequeño número de impurezas que tengan cinco electrones en la última capa, como el fósforo o el arsénico. Las concentraciones usuales de esas impurezas son del orden de un átomo de impureza por cada millón de átomos originales. Si se sustituye un átomo de cuatro electrones por uno de cinco, el nuevo átomo se enlaza con cuatro átomos vecinos, pero todavía le queda un electrón sobrante, que puede pasar con facilidad a la banda de conducción. Dicho material puede conducir con facilidad mediante electrones y se llama semiconductor de tipo *n* (negativo). El número de electrones de conducción procedentes de las impurezas es miles de veces mayor que el de electrones procedentes de la excitación térmica del material de base.

Si, en cambio, sustituimos un átomo de cuatro electrones en la última capa por uno de tres electrones, a este le falta un electrón para poderse enlazar con los cuatro átomos vecinos. Por ello, a su alrededor queda un «agujero», que podrá contribuir a la conducción de carga eléctrica. Este tipo de semiconductores se denominan semiconductores de tipo *p* (positivos), porque las plazas no ocupadas por los electrones actúan como agujeros positivos.

Diodos y transistores: bases de la electrónica

La combinación de semiconductores *p* y *n*, especialmente en diodos y transistores, es la base de la electrónica, gracias a tres funciones básicas: rectificación, conmutación y amplificación, que permiten un número prácticamente ilimitado de operaciones, desde las muy simples hasta computaciones sofisticadísimas en ordenadores.

La unión en serie de un semiconductor *p* con uno *n* se denomina una unión *pn*. A través del plano de unión entre las zonas *p* y *n*, los electrones abundantes de la zona *n* tienden a difundirse hacia la zona *p*, y al revés ocurre con los agujeros. Ese proceso no es indefinido, ya que al irse desplazando los electrones hacia la zona *p* dejan tras de sí una zona positiva, que los atrae y no les deja marchar muy lejos. Esa zona fina centrada en el plano de unión tiene características físicas muy relevantes, tanto en el paso de corriente como para la transformación de luz en electricidad y de electricidad en luz, y es uno de los espacios tecnológicamente más fructíferos de la física.

A través de esa unión, la corriente de electrones pasa con facilidad desde la zona *n* a la *p*, pero no en sentido contrario, a diferencia de los conductores usuales, que dejan pasar la corriente por igual en ambos sentidos. La capacidad de dejar pasar la corriente solo en un sentido se denomina rectificación.

Esa unión constituye un diodo rectificador: deja pasar corriente —de signo convencionalmente positivo— si el potencial eléctrico en *p* es mayor que en *n*, y no la deja pasar en caso contrario.

Laboratorios Bell, Nueva Jersey (USA), 1947: el origen del transistor

William Shockley, John Bardeen y Walter Brattain (premio Nobel de Física de 1956), trabajando en los laboratorios Bell, suponen el hito decisivo en el origen del transistor, aunque la idea teórica era algo anterior. El veintitrés de diciembre de 1947, se presentó el primer transistor de puntas, conseguido por Bardeen y Brattain al explorar una sugerencia de Shockley. Molesto por el hecho de que su nombre no apareciera en la patente, Shockley siguió trabajando por su cuenta para lograr un tipo diferente de transistor: el transistor de unión, más compacto y práctico. En abril de 1949 logró su primer transistor, que siguió mejorando hasta su presentación en público en una conferencia de prensa en julio de 1951. Hacia 1952, Shockley se instaló en California, donde fundó su propia empresa de semiconductores. Diversos colaboradores suyos fueron creando nuevas pequeñas compañías —casi un cente-

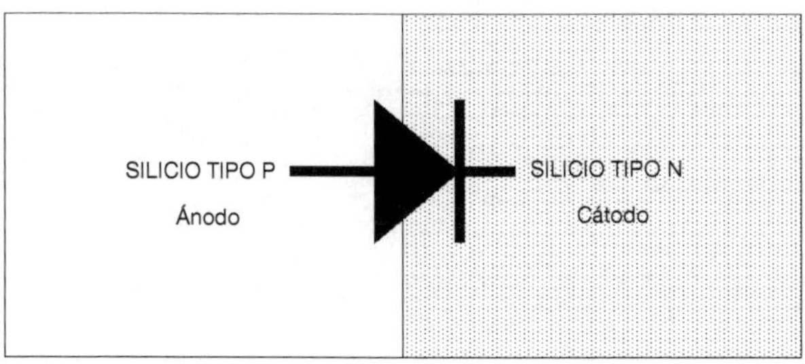

Figura 6.2. Unión *pn* como diodo rectificador: deja pasar la corriente positiva desde la zona *p* a la *n*, pero no al contrario.

nar, entre 1955 y 1965— sentando las bases de una relación dinámica e innovadora entre electrónica, industria y comercio, en lo que posteriormente se conocería como Silicon Valley.

Las otras dos funciones básicas son la amplificación, consistente en amplificar —o reducir— una señal, y la conmutación, consistente en actuar como interruptor, dejando pasar o impidiendo el paso de la corriente. Esas funciones se llevan a cabo en transistores —nombre que procede de la denominación *«transfer resistor»*—, una estructura típica de los cuales es una sucesión *npn* o *pnp*. En ellos, hay tres conexiones, el voltaje en una de ellas (la central) regula el flujo de corriente entre las otras dos. En particular, puede actuar como interruptor, permitiendo o deteniendo el paso de corriente, lo cual permite funciones de control o actuar como puertas lógicas de ordenadores.

Hay dos tipos de transistores: el bipolar y el de efecto de campo. No trataremos sus detalles, ya que ello excede el nivel introductorio de este libro. Su fundamento es relativamente simple: hemos visto que en las uniones *np* los electrones pasan de *n* a *p* pero no al revés; al tener aquí una sucesión *npn*, vemos que si la corriente puede atravesar la primera interficie *np*, no

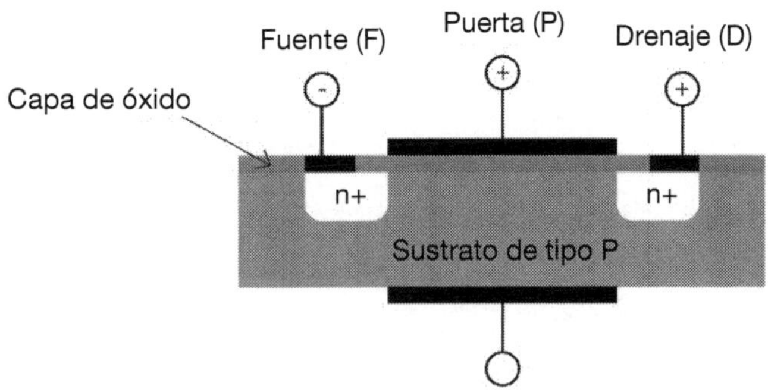

Figura 6.3. Transistor de tipo MOSFET *(metal-oxide-semiconductor field effect transistor):* cuando P es positivo, los electrones pasan de F a D, y no pasan cuando P es negativo.

podrá atravesar la segunda (*pn*). Sin embargo, si el potencial de la conexión central (o puerta) es positivo, atraerá los electrones de la zona *p* y rechazará sus agujeros. Con ello, la zona *p* que hay entre las dos zonas *n* pasará a exhibir un estrecho corredor *n* (rico en electrones) y la corriente podrá circular. En cambio, si el voltaje de la puerta es negativo, pasará lo opuesto, y el dispositivo no conducirá. El primer transistor MOSFET *(metal-oxide-semiconductor field effect transistor)* fue fabricado en los laboratorios Bell a finales de 1959.

Esas dos funciones —conmutación, amplificación— se habían logrado antes de los semiconductores, mediante válvulas de vacío —a saber, tubos vacíos con un electrodo caliente, que desprende electrones, un electrodo positivo, que atrae a los electrones, y una rejilla metálica interpuesta, cuyo voltaje regula el paso de electrones—. Las válvulas de vacío se habían inventado en 1907 y habían iniciado la electrónica. Con ellas se habían fabricado teléfonos, radios, tocadiscos, altavoces, televisores y los primeros ordenadores —el Colossus en el Reino Unido, construido hacia 1941 para romper los códigos secretos de la marina alemana, y el ENIAC *(Electronic Numerical Integrator and Computer)*, inaugurado en 1946 en el laboratorio de investigación balística del ejército de Estados Unidos—. Sin embargo, las válvulas de vacío eran grandes, desprendían mucho calor y se estropeaban a menudo. A pesar de que su vida útil de funcionamiento llegaba a las tres mil horas, en un ordenador con unas veinte mil válvulas, como el ENIAC, se tenía que cambiar una válvula cada cuatro o cinco minutos. La vida útil mucho más larga de los transistores fue decisiva en el desarrollo de la computación electrónica.

Con los dispositivos semiconductores se conseguía miniaturizar los circuitos, hacerlos mucho más fiables, rápidos y baratos, con vidas útiles mucho más prolongadas, utilizar voltajes mucho menores, con menor consumo y menor calentamiento, poco sensibles a las vibraciones y choques, y con posibilidad de automatización. Ello jugó un gran papel en difundir la radio y la televisión, tocadiscos, teléfono, calculadoras, y sistemas automáticos de control de muchos otros tipos de aparatos, con un impacto público extraordinario.

Circuitos integrados y ordenadores

Además de la larga vida y el escaso consumo de los transistores, que habrían bastado para una revolución industrial, las posibilidades de su miniaturización abrieron una perspectiva tecnológica vertiginosa. En 1958, Jack Kilby (premio Nobel de Física de 2000), de la Texas Instruments, con germanio, y poco después Robert Noyce, en Fairchild Semiconductor, con silicio, tuvieron la idea de construir circuitos integrados, en lugar de fabricar piezas por separado. Esos circuitos contienen semiconductores y componentes pasivos (conductores, condensadores), diseñados de acuerdo con necesidades bien definidas. Resultan mucho más baratos que los circuitos consistentes en partes ensambladas, ya que se pueden fabricar en masa, directamente mediante fotolitografía. El ritmo al que ha avanzado la velocidad y la potencia de los circuitos viene sintetizado por lo que se denomina la ley de Moore: cada 18 meses se duplica la velocidad y la potencia de los circuitos. En 2006, se sobrepasó un millón de transistores por milímetro cuadrado.

En el desarrollo de circuitos integrados hay cuatro grandes etapas. La primera corresponde a la integración a pequeña escala, unas decenas de transistores, adecuadas para puertas lógicas. El programa espacial de los USA en la década de los 1960 promovió la tecnología de circuitos integrados, lo cual ayudó a rebajar los costes para otras aplicaciones. Hacia 1965, se entra en la integración a media escala, con centenares de transistores por circuito; hacia 1974, se inicia la integración a gran escala, con decenas de miles de transistores, con el estímulo de los ordenadores; a partir de 1980, la integración a muy grande escala, con centenares de miles de transistores, hasta llegar a decenas de millones. Uno de los estímulos actuales para incrementar velocidad y potencia es el tratamiento de imágenes para videojuegos, que requiere gran velocidad y gran memoria. La lógica de compra ha estado relacionada con mayores prestaciones en velocidad y memoria y a precio más reducido, más que en el agotamiento de las posibilidades de los modelos anteriores.

Diodos emisores de luz

Las relaciones entre los semiconductores y la luz son muy ricas. Los fotones pueden excitar electrones desde la banda de valencia a la de conducción, dejando un agujero en la banda de valencia. Por ello, un semiconductor iluminado puede aumentar mucho su conductividad. A su vez, un electrón de la banda de conducción puede caer a un agujero de la banda de valencia y liberar un fotón. La longitud de onda de la radiación emitida depende del intervalo de energía, según la ley de Planck, tal como ocurre en los saltos entre niveles atómicos. Por lo tanto, potencialmente, los semiconductores pueden transformar luz en corriente eléctrica y corriente eléctrica en luz.

La conversión de electricidad en luz en semiconductores se inicia hacia 1962, con los diodos emisores de luz (o LED: *Ligth-emitting diodes*), cuyo uso se ha generalizado en semáforos, luces de automóvil, aviación, lámparas, pantallas de ordenadores y de televisor. En los LED, se hace llegar a una unión *pn* electrones por un lado y agujeros por el otro, lo cual convierte esta zona en una fuente de luz, al irse combinando electrones de la banda de conducción con agujeros de la banda de valencia y emitir el fotón correspondiente. Sin embargo, ni el silicio ni el germanio resultan muy adecuados para esa función, ya que se requiere que la cantidad de movimiento del electrón y del agujero sean iguales entre sí, cosa que no ocurre en esos materiales. Para ello, se requieren otros materiales, como el arseniuro de galio GaAs. El mecanismo de producción de luz es pues muy diferente del de las bombillas de incandescencia, en que la corriente eléctrica calienta un filamento metálico hasta una temperatura suficientemente elevada para que emita radiación visible. Dicho proceso es muy ineficaz, ya que una gran parte de la energía comunicada al hilo se transforma en calor, y solo una pequeña parte en radiación visible. En cambio, el proceso en los semiconductores es mucho más eficaz en la producción de luz visible. Para conseguir luz de diferentes colores se debe regular adecuadamente la amplitud del intervalo prohibido, utilizando para ello nuevos materiales como GaAs (arseniuro de galio), Al Ga In P (fosfuro de indio, galio y aluminio), In Ga N (nitruro de galio e indio)... Con ello, se tiene una auténtica ingeniería cuántica de materiales, que explota las sutilezas más delicadas de estos.

Láseres de semiconductores

Hacia 1978, empezó una revolución en la manera de difundir la música. En lugar de los discos de vinilo, se pasó al disco compacto CD, más miniaturizado y con mayores prestaciones. Después, la tecnología ha seguido avanzando, con el paso a DVD (disco versátil digital) y Blu-ray. En esas tecnologías, los discos almacenan información digital (expresada en código binario de 0 y 1), grabando la superficie del disco de manera que algunos puntos sean reflectantes y otros absorbentes —los primeros corresponden a un 1 y los segundos a un 0—.

Para leer la información, se hace incidir sobre el disco un haz láser muy fino. El haz se refleja o es absorbido según el punto del disco. El haz reflejado es enviado a una célula fotoeléctrica, que convierte el impulso luminoso en eléctrico, el cual es amplificado por transistores adecuados. Para ello se requiere láseres de semiconductores muy miniaturizados. En principio, podrían ser como LED, pero más sofisticados, de manera que todas las ondas que emiten tengan la misma longitud de onda y la misma fase, sumándose unas a otras.

Para ello se requiere que en la unión *pn* haya muchos electrones en la banda de conducción y muchos agujeros en la banda de valencia, lo cual se puede conseguir con concentraciones de impurezas unas mil veces superiores a las habituales en las uniones *pn*. Pero como los electrones van cayendo a los agujeros y liberando fotones, y lo hacen en gran cantidad por unidad de tiempo, se requiere intensidades de corriente muy elevadas, lo cual produce calentamientos muy grandes.

Se ha hallado otra forma más eficaz de construir láseres de semiconductores, basados en pozos cuánticos, que constituyen un buen ejemplo de ingeniería cuántica de materiales. Ya hemos comentado que podemos conseguir semiconductores no solo con silicio o germanio, con cuatro electrones en la última capa, sino también combinando átomos con tres electrones (como el galio, el indio o el aluminio) y con cinco electrones, como el arsénico o el fósforo. Consideremos, por ejemplo, el arseniuro de galio —combinación de arsénico y de galio, en proporciones iguales, de manera que se alternan átomos de arsénico y de galio—. El efecto medio es como el de un material de cuatro electrones, pero con un intervalo prohibido diferente que en el silicio o el germanio. Además, los electrones y los agujeros alcanzan mayores velocidades y se aceleran más rápidamente que en el silicio, por lo cual resulta adecuado para construir dispositivos unas diez veces más rápidos que los de silicio —aunque el galio y el arsénico son menos abundantes que el silicio y su ingeniería no es tan sencilla, ya que se funden a temperaturas menores—.

Una combinación especialmente adecuada es sustituir uno de cada dos átomos de galio del arseniuro de galio por un átomo de aluminio, que también tiene tres electrones en la última capa, y prácticamente el mismo volumen que el átomo de galio. Resulta que el AlGaAs tiene una banda de conducción más elevada y una banda de valencia más baja que el GaAs. Por ello, si se fabrica un material de AlGaAs, con una estrecha franja de GaAs, los electrones y agujeros tienden a concentrarse en esa franja. En ella, los efectos ondulatorios cuánticos de electrones y agujeros permiten regular la anchura de la banda prohibida y por lo tanto el color de la luz emitida. La acumulación de electrones y agujeros en una zona muy estrecha permite emitir mucha luz en forma coherente, con un calentamiento cien mil veces inferior al del láser de unión *pn*. Así, es posible fabricar láseres de semiconductores muy eficaces, miniaturizados y con poco calentamiento. Sin ellos, no hubiera sido posible lograr el CD ni el DVD.

El desarrollo de los métodos de almacenamiento y reproducción de información está directamente vinculado con el desarrollo de láseres de semiconductores. Se trata de conseguir longitudes de onda lo menor posibles, ya que el tamaño necesario para almacenar un bit es del orden de la longitud de onda de la radiación utilizada. Longitud de onda menor equivale a escribir con letra más pequeña y permite escribir más caracteres en un mismo espacio. En general se utilizan discos de doce centímetros de diámetro. Para CD, comercializados hacia 1982, en principio para música, se utiliza radiación de setecientos ochenta nanómetros, en el infrarrojo próximo, y se almacenan unos setecientos Mbit (megabit, millones de bits). Los DVD (o Disco Versátil Digital), comercializados hacia 1996, y capaces de incorporar imágenes en movimiento, trabajan con láser de seiscientos cincuenta nanómetros de longitud de onda y pueden almacenar hasta unos 4,7 Gbit (un gigabit son mil millones de bits). Con los televisores de alta definición, se fue al Blu-ray, comercializados desde 2006, que usan láser de cuatrocientos cinco nanómetros y pueden almacenar veinticinco Gigabits.

Células fotovoltaicas

Aprovechar al máximo la energía solar sería una buena idea, ya que del Sol nos llega una gran cantidad de energía. Diversas maneras de hacerlo son calentar agua con la radiación incidente sobre una superficie negra; enfocar la luz sobre un tubo que contenga agua o algún otro líquido para calentarlo y evaporarlo y hacer funcionar una turbina; utilizar la energía solar para activar reacciones químicas que almacenen energía, o mediante la conversión directa de la energía solar en energía eléctrica.

Los semiconductores pueden convertir luz en electricidad en las llamadas células fotovoltaicas. Las primeras células fotovoltaicas eficientes fueron desarrolladas en los laboratorios Bell en 1954, pero eran muy caras; en 1958, se utilizaron por primera vez en astronáutica para proporcionar energía a satélites de telecomunicaciones, y posteriormente en boyas señalizadoras para la navegación, situaciones en que el precio no es un factor tan decisivo como en el consumo industrial o doméstico. Hacia 1969 se empezó a utilizar silicio reciclado de los computadores, así como silicio amorfo. Con ello empezó el abaratamiento, de forma que el precio por watio de corriente eléctrica producida pasó de doscientos dólares por watio en 1960 a un dólar por watio en 2011.

Hemos comentado que la luz puede excitar electrones desde la banda de valencia a la de conducción, dejando un agujero en la banda de valencia. Sometidos a una diferencia de potencial, los electrones se desplazarán hacia el potencial más positivo y los agujeros hacia el más negativo, dando así una corriente eléctrica. Ello se puede conseguir haciendo que la luz incida sobre una unión *pn*, entre cuyos extremos hay de forma natural una diferencia de potencial. Al trabajar en circuito cerrado, la corriente puede circular, en lugar de llegar a un máximo de saturación: de esa forma, la luz da lugar a electricidad.

La célula fotovoltaica capta fotones de energía mayor que el intervalo prohibido —los fotones de menos energía no son capaces de hacer pasar un electrón de la banda de valencia a la de conduccion—; la diferencia entre la energía del fotón y la energía mínima de la banda de conducción se pierde en forma de calor. Bandas prohibidas mayores significan más energía para cada electrón producido, pero, por otro lado, menos fotones son captados, ya que deja pasar sin absorber los fotones que tienen menos energía que la del intervalo prohibido. Una manera de aprovechar mejor la energía es combinar láminas finas de semiconductores con intervalos prohibidos sucesivamente mayores, lo cual permitiría, en principio, elevar el rendimiento hasta un ochenta y seis por ciento. En la actualidad, se investiga con materiales semiconductores poliméricos combinados con nanopartículas metálicas.

7

RESONANCIAS MAGNÉTICAS
Magnetismo cuántico y memorias informáticas

El magnetismo ha sido conocido desde épocas remotas. El nombre procede de Magnesia, ciudad griega en cuyas proximidades se hallaban muchos imanes naturales, cuyas atracciones y repulsiones llamaron poderosamente la atención. A partir del siglo X, la utilización de la brújula dio al magnetismo una dimensión práctica de primer orden: ya no se trataba de la fascinación por curiosidades recreativas, sino de una técnica crucial para los viajes y que vinculaba misteriosamente al viajero con el conjunto de la Tierra. A partir de 1860, la inducción magnética, base de motores eléctricos y de centrales eléctricas, situó el magnetismo en el centro de la segunda revolución industrial del siglo XIX.

La física cuántica ha hecho grandes contribuciones a la teoría del magnetismo de los materiales, y lo ha convertido en un campo con muchísimas aplicaciones, desde la resonancia magnética nuclear, tan utilizada en exámenes médicos, al almacenamiento de información en memorias de ordenadores. Por ello, el magnetismo es un aspecto tecnológico relevante del mundo cuántico.

Propiedades magnéticas de los materiales

Las leyes del magnetismo empezaron a ser comprendidas cuando en 1820 Oersted, en Copenhague, descubrió que las corrientes eléctricas desvían las brújulas que hay en sus proximidades. En 1822, en París, André-Marie Ampère formuló la ley de la interacción magnética entre corrientes eléctricas paralelas. Ello puso de manifiesto que el magnetismo está relacionado con cargas eléctricas en movimiento, y permitió calcular el campo magnético producido por corrientes diversas.

Pasar de esas configuraciones sencillas a las propiedades magnéticas de los materiales supone una gran aventura científica. Algunos materiales son espontáneamente magnéticos, en tanto que otros tan solo responden a campos magnéticos exteriores. Los primeros se denominan ferromagnéticos; los segundos se desglosan entre paramagnéticos y diamagnéticos según si la imantación que adquieren en un campo magnético exterior apunta en el mismo sentido o en sentido opuesto al de dicho campo. Hay todavía más posibilidades, como ferrimagnetismo o antimagnetismo. Los problemas básicos del magnetismo consisten en identificar las causas físicas de las propiedades magnéticas, en explicar por qué los materiales son ferromagnéticos, paramagnéticos o diamagnéticos, por qué la imantación se reduce al aumentar la temperatura, y otras cuestiones.

Imanes elementales de la materia

Hacia 1825 se comprendió que las propiedades magnéticas de los materiales están relacionadas con corrientes eléctricas que circulan en su interior. Ampère imaginó que en el seno de los materiales había pequeños bucles de corriente: cada bucle funciona como un pequeño imán elemental, que llamamos un dipolo magnético —la palabra dipolo se refiere a que los imanes tienen dos polos: un norte y un sur—. Si los bucles están desordenados, sus campos magnéticos se cancelan entre sí, pero si están ordenados, paralelamente los unos a los otros, sus campos magnéticos se suman y el material tiene imantación espontánea.

Hacia 1890, Pierre Curie, en París, estudió la variación de las propiedades magnéticas de los materiales con la temperatura. Si aumenta la temperatura disminuye la imantación, hasta que para una cierta temperatura, la imantación espontánea se anula. Ello se puede interpretar como un compromiso entre dos tendencias: una interacción magnética entre bucles vecinos, que tiende a orientarlos paralelamente y a sumar sus dipolos magnéticos, y la agitación térmica molecular, que desordena el sistema. Si la temperatura es baja, gana el orden magnético y el material tiene imantación espontánea; si es elevada, el desorden térmico supera la interacción ordenadora y reduce o anula la imantación.

Poco a poco fue quedando claro que el magnetismo de los materiales es consecuencia de imanes microscópicos elementales relacionados con sus átomos o moléculas. Una vez quedó establecido el modelo atómico de la materia, se relacionó los imanes elementales con las corrientes producidas por el giro de los electrones en las órbitas atómicas y moleculares. Hacia principios del siglo XX, Langevin y Weiss establecieron modelos teóricos de esos fenómenos.

Langevin y la teoría cuántica del magnetismo

La física cuántica es necesaria para describir las propiedades magnéticas. En 1905, Paul Langevin aplicó la física estadística clásica para calcular las propiedades magnéticas de sistemas de dipolos elementales sin interacciones mutuas, y consiguió demostrar que su imantación debe ser inversamente proporcional a la temperatura absoluta, tal como Curie había hallado experimentalmente. Con ello, dio un gran impulso a la teoría microscópica del magnetismo.

Langevin fue uno de los organizadores de la Conferencia Solvay de 1911, y el editor —junto con Maurice de Broglie— de los textos de las conferencias —posteriormente, fue el director de la tesis de Louis de Broglie, el hermano historiador de Maurice, y cuya aportación jugó un papel destacado en el progreso de la física cuántica—. Langevin, que desde 1908 se había convertido en el máximo propagandista en Francia de la teoría de la relatividad de Einstein, se sintió también atraído por la física cuántica, y advirtió rápidamente su relevante papel en el magnetismo. Su intervención en la Conferencia Solvay —justo antes de la de Einstein, que cerraba la Conferencia— fue dedicada al magnetismo, introduciendo ya algunas referencias cuánticas.

Tres aportaciones cuánticas

La física cuántica realiza tres aportaciones básicas a la teoría del magnetismo. En primer lugar, la teoría clásica carecía de criterios para asignar un campo magnético concreto a los átomos o moléculas, ya que no podía establecer un valor para el radio átomico o la longitud de los enlaces moleculares. En cambio, las ideas cuánticas conducen de forma natural a un campo magnético atómico característico. En efecto: si un electrón gira alrededor del núcleo, en la órbita fundamental de Bohr, la pequeña corriente eléctrica asociada a su movimiento da lugar a un campo magnético bien definido, proporcional a la constante de Planck (cosa que pone de manifiesto su carácter cuántico) y al cociente entre carga y masa del electrón. Extender esa idea a átomos más complicados —como hierro, cobalto, níquel, materiales ferromagnéticos típicos—, a cristales y a moléculas exigió un gran esfuerzo.

La segunda cuestión a la que la física clásica no daba respuesta adecuada era el valor de la interacción entre los dipolos de los átomos vecinos en un cristal. Esta información es imprescindible para comprender las propiedades magnéticas del cristal. Según la física clásica, esa interacción era muy débil, y solo la utilización de ideas cuánticas —el principio de exclusión de Pauli en relación con los electrones de átomos vecinos, aplicado por Heitler y London en 1927 y por Heisenberg en 1928— proporcionó un buen valor de tal interacción, compatible con las observaciones.

La tercera aportación cuántica fue la constatación de que el magnetismo procede no tan solo del giro de los electrones en átomos o moléculas, sino también del espín de los electrones y de los núcleos atómicos —es decir, de su rotación sobre sí mismos—. En 1933 se descubrió que los núcleos tienen momentos magnéticos relacionados con su espín, y en 1939 Rabi consiguió medir el momento magnético del protón y del neutrón (por lo cual recibió el premio Nobel de Física de 1944).

Tres aplicaciones del magnetismo cuántico

Ahora, describiremos tres aplicaciones del magnetismo cuántico: para no agobiar al lector, nos limitamos a tres ejemplos que han revolucionado la tecnología: la resonancia magnética nuclear; las memorias magnéticas de ordenadores y sus mecanismos de lectura; y la espintrónica. Deberemos dejar temas como el efecto Hall cuántico, que es un efecto de un campo magnético sobre una corriente eléctrica, las discusiones sobre posibles monopolos magnéticos, relacionados con hipotéticas partículas elementales no observadas, o los detalles de los dispositivos superconductores de interferencia cuántica (SQUID) que permiten medir campos magnéticos minúsculos, como los producidos por las neuronas en el cerebro.

Resonancia magnética nuclear

La resonancia magnética nuclear se ha convertido en una técnica física de primer orden en la producción de imágenes médicas. Su valor en medicina y en investigación biológica es tan grande, que dos de sus introductores —Paul C. Lauterbur y Sir Peter Mansfield— fueron reconocidos con el premio Nobel de Fisiología y Medicina de 2003. Otro premio Nobel relacionado con la aplicación de técnicas físicas a medicina fue el de 1935, otorgado a Willem Einthoven por el desarrollo de la electrocardiografía.

En 1897, Roentgen descubrió los rayos X y su utilidad para explorar el interior del cuerpo. Desde entonces, la radiografía ha sido un instrumento precioso en medicina. Pero conviene ir más allá de ella por varios motivos. Los rayos X pueden romper moléculas de interés biológico y producir cáncer. En segundo lugar, los rayos X son sensibles a la densidad de electrones, que es especialmente grande en los huesos. Si se inyecta en la sangre o se toma una papilla de material adecuado, suficientemente denso, los rayos X también suministran información sobre el sistema vascular o el digestivo, pero sus informaciones sobre tejidos blandos —ligamentos, cartílagos, cerebro— son bastante más pobres. En cambio, la resonancia magnética nuclear no presenta el riesgo de desarrollar un cáncer y da detalles muy precisos en órganos o tejidos en que los rayos X son poco útiles.

La resonancia magnética nuclear está relacionada con las propiedades de los dipolos magnéticos en el seno de un fuerte campo magnético exterior. En la teoría cuántica, tales dipolos, si corresponden a partículas de espín ½, solo pueden apuntar en la misma dirección que el campo o en dirección opuesta. En el primer caso tienen energía negativa y en el segundo energía positiva. Hay, por lo tanto, dos niveles de energía, cuya diferencia es proporcional al campo magnético y al valor del dipolo magnético.

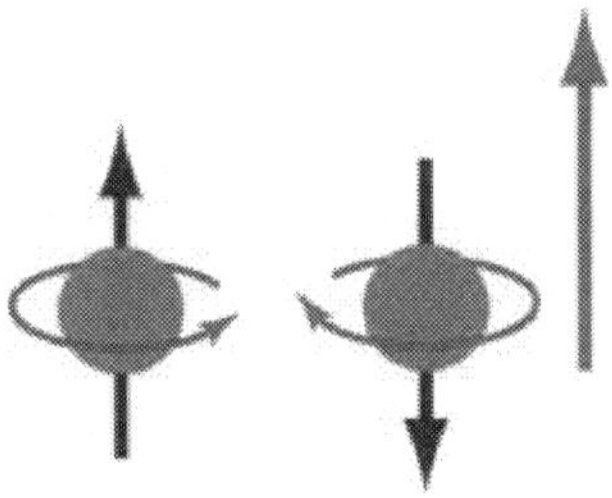

Figura 7.1. En presencia de un campo magnético exterior (la flecha vertical de la figura) los protones se orientan con su imantación hacia arriba (paralelamente al campo magnético). Si se les suministra energía mediante una onda electromagnética de frecuencia adecuada, su imantación cambia de dirección y apunta hacia abajo. Al volver de nuevo a la posición de mínima energía, emiten un pequeño pulso electromagnético, que permite obtener las imágenes de resonancia magnética nuclear, de tanto interés médico y biológico.

Supongamos ahora que se hace llegar al dipolo una onda electromagnética. Si tiene la frecuencia adecuada, dada por la relación de Einstein-Planck-Bohr, es decir, si la frecuencia es igual a la diferencia de energías entre los dos niveles dividida por la constante de Planck, el dipolo la absorberá y dará un vuelco. Al cabo de poco tiempo, regresará al estado de menor energía emitiendo un cuanto de onda electromagnética. Así pues, si enviamos al dipolo radioondas de frecuencias diferentes, la que será, con mucho, más absorbida será la que cumpla la condición citada. En concreto, para el núcleo de hidrógeno, el valor de esa frecuencia es el cuarenta y cuatro por ciento del cociente de la carga y la masa del protón, multiplicado por el campo magnético que actúa sobre él. El fenómeno de absorción selectiva en una frecuencia concreta característica del material se denomina resonancia. De ahí el nombre de resonancia magnética nuclear —nuclear no tiene nada que ver, aquí, con energía nuclear ni con radiactividad, sino tan solo con el hecho de utilizar núcleos como dipolos magnéticos—.

La resonancia magnética nuclear tiene dos aplicaciones principales: en química y en producción de imágenes en medicina. La idea esencial es someter el sistema analizado u observado —el cuerpo de un paciente, o un tubo de ensayo con una sustancia química— a un campo magnético intenso, y someterlo también a una serie de perturbaciones magnéticas de frecuencia variable y observar para qué frecuencias el sistema absorbe más energía. Si el hidrógeno forma parte de una molécula —por ejemplo, el benceno, el alcohol, o un aminoácido— el campo magnético que actúa sobre él es el campo exterior más el campo producido por la molécula a que pertenece. Esa dependencia permite identificar sustancias químicas, ya que para cada una de ellas se ha ido verificando qué frecuencias absorbe, lo cual constituye un elemento de análisis muy poderoso.

La otra aplicación es la producción de imágenes médicas. Imaginemos que entramos en una habitación oscura, y que encendemos y apagamos rápidamente una linterna. Imaginemos que en algunos puntos de la habitación hay pequeñas manchas fosforescentes. Esas manchas absorberán energía del destello de la linterna y la irán devolviendo poco a poco, permitiendo que nos hagamos una idea de su posición. La resonancia magnética nuclear es semejante a eso. La habitación oscura es el cuerpo; el destello de la linterna es el pulso de onda electromagnética; las manchas fosforescentes son las moléculas que interesa observar. Sus hidrógenos, orientados por el campo magnético exterior, absorben la radiación y la devuelven de nuevo; localizando la procedencia de esa radiación interior, es posible efectuar un mapa interior del cuerpo. Una estrategia que refuerza la utilidad de la resonancia magnética consiste en utilizar un campo magnético inhomogéneo, de forma que solo absorban la radiación los hidrógenos que se hallan en la zona adecuada: de ese modo se consiguen imágenes de «cortes» internos del cuerpo.

Una variante de la resonancia magnética —la resonancia magnética funcional— suministra un instrumento de primer orden para la observación del cerebro y, en particular, para observar qué zonas de él se activan más —consumen más oxígeno— cuando está realizando una cierta función: hablar, tocar, mirar, pensar, escuchar. Por ejemplo, ello permite descubrir muchos detalles de las zonas del habla —zonas de Broca y de Wernicke— hasta el punto de haber dado origen al campo de la neurolingüística. Nada de ello habría sido posible si no se hubiera descubierto que el protón, como consecuencia de su espín cuántico, actúa como un pequeño imán.

Memorias magnéticas

Mucha de la información procesada actualmente está digitalizada, es decir, expresada en secuencias de 0 y 1. Para almacenar la información correspondiente a un 1 o un 0, se puede orientar dipolos hacia arriba o hacia abajo, respectivamente. Para ello se requiere pequeños grupos —o dominios— magnéticos, constituidos por un cierto número de átomos o moléculas, que puedan girar independiente y rápidamente, que sean lo más pequeños posibles, que no giren espontáneamente, y que puedan ser grabados y leídos con facilidad. Cuanto más pequeño sea el dominio magnético necesario para almacenar un bit, más información se podrá grabar en un mismo espacio.

La miniaturización de la memoria no solo depende del tamaño del dominio elemental mínimo, sino también de la sensibilidad del cabezal de lectura, es decir, de su capacidad de detectar pequeñas variaciones del campo magnético. Reducir el dominio magnético elemental ha permitido, por ejemplo, las targetas de crédito y otros documentos electrónicos, con su información identificativa grabada en una pequeña lámina magnética, y las grandes memorias de ordenadores.

Esa información puede ser leída, por ejemplo, mediante el fenómeno de la magnetorresistencia, que consiste en que en algunos materiales conductores su resistencia eléctrica varía cuando están sometidos a un campo magnético. Desde 1998, los cabezales de lectura de los discos duros utilizan el efecto de magnetorresistencia gigante, descubierto por Albert Fert y Peter Grünberg, independientemente (premio Nobel de Física de 2007), en el cual variaciones ínfimas del campo magnético producen cambios considerables en la resistencia del cabezal. Así, se pasa cerca de la memoria —sin tocarla— un cabezal por el cual circula una corriente. El cabezal nota las variaciones del campo magnético, más intenso si la zona corresponde a un 1, menos intenso si corresponde a un 0. Con ello, la intensidad de corriente eléctrica que atraviesa el cabezal va variando y sus variaciones de intensidad son leídas por el lector. También se podrá utilizar este efecto para las memorias de acceso aleatorio. Ello permitiría una gran velocidad de carga de los ordenadores, sin tener que recargar laboriosamente los programas a partir del disco duro, sino que, en apenas décimas de segundo, se podría volver al punto donde se había dejado el trabajo antes de apagar el ordenador.

Espintrónica

En la electrónica habitual, la información es transportada por electrones, de modo que la señal mínima básica es el paso —o no paso— de un electrón en un dispositivo que pueda distinguir electrones individuales a partir de sus cargas eléctricas. Pero además de carga eléctrica, los electrones tienen espín, y un momento magnético relacionado con él; por ello, si se toma en cuenta no tan solo la información eléctrica sino también la magnética, podríamos transmitir y procesar más información que tan solo con la carga eléctrica.

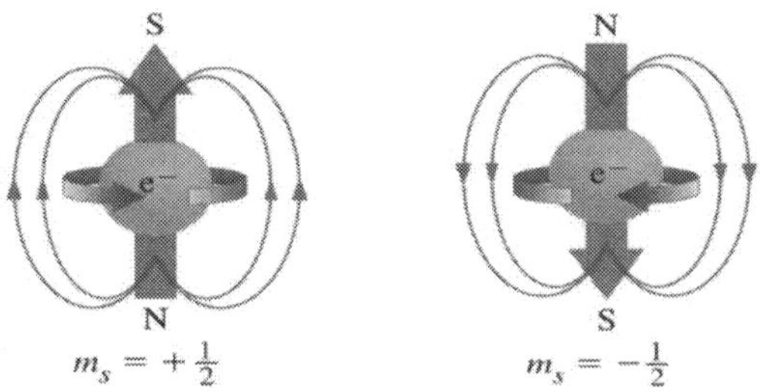

Figura 7.2. Los electrones no solo tienen carga, sino también espín, que hace que tengan una pequeña imantación. La espintrónica trata de procesar información utilizando no solo la carga de los electrones, sino también sus imantaciones.

La espintrónica —denominación análoga a electrónica, pero referida al espín— se refiere a transporte de espín, y es una forma sofisticada de electrónica que explota no tan solo la carga eléctrica de los electrones, sino también su minúsculo dipolo magnético. Además, trata de hacerlo electrón a electrón, consiguiendo miniaturizar al máximo las memorias y los procesadores. En algunos dispositivos se utiliza multitud de electrones polarizados, que forman corrientes de espín. La espintrónica no sería posible sin la gran sensibilidad al campo magnético proporcionada por la magnetorresistencia gigante.

En la mayoría de los materiales hay tantos espines hacia arriba como hacia abajo, cosa que dificulta utilizar la posible información relacionada con el espín, pero las sofisticadas técnicas del magnetismo cuántico permiten controlar los minúsculos campos magnéticos. También se están desarrollando transistores de efecto túnel magnético, que distinguen los electrones con espín hacia arriba y con espín hacia abajo. Se pretende utilizar la espintrónica como base de la computación cuántica, que describiremos en el capítulo 15.

8

AVENIDAS FOTÓNICAS

Óptica cuántica: del láser a la optoelectrónica

La luz es uno de los símbolos por excelencia del conocimiento; la visión parece otorgar una inmediatez de certidumbre y de presencia tan intensa que la comprensión puramente intelectual se relaciona también con «ver» una solución, una interpretación, un camino. La pregunta por la luz se halla en los orígenes mismos de la física cuántica, en los trabajos fundacionales de Planck en 1900, pero las aportaciones de la óptica cuántica a la luz van mucho más allá del concepto de fotón, especialmente mediante su gran instrumento por excelencia: el láser. Dentro de la óptica cuántica, la fotónica es un paso todavía más sutil, en que se llega a trabajar fotón a fotón, o con fotones estrechamente correlacionados en el espacio y el tiempo. Esos desarrollos han permitido convertir la luz en un procesador de información mucho más potente y abstracto que la visión.

Fundamentos: radiación estimulada, inversión de población

Láser es el acrónimo de Light Amplification by Stimulated Emission of Radiation. Su fundamento teórico fue establecido por Einstein en 1917, en un artículo sobre la teoría cuántica de la radiación, en que se preguntaba cómo hacer compatible la distribución de Planck de la radiación con un modelo atómico de Bohr. En ese modelo, los electrones emiten radiación cuando caen de un nivel de más energía a uno de menos energía o la absorben cuando saltan a uno de más energía. Einstein se preguntó cómo debían estar relacionados esos procesos de absorción y emisión de la luz. Observó que no es posible conseguir la distribución de Planck si la radiación es emitida tan solo de forma espontánea, sino que se necesita, además, una emisión estimulada. Esa emisión consiste en que cuando un fotón de frecuencia adecuada se acerca a un átomo excitado, su electrón, en lugar de caer aleatoriamente de forma espontánea, cae inmediatamente, liberando un fotón con la misma longitud de onda y la misma fase que el fotón incidente.

Imaginemos, ahora, que tenemos una población de átomos excitados y le enviamos un fotón adecuado para inducir una desexcitación. Al pasar cerca de un átomo, ese fotón provoca la emisión de un fotón idéntico a él. Esos dos fotones, al aproximarse a otros dos átomos, provocan la emisión de dos nuevos fotones idénticos, de manera que tendremos cuatro fotones. Si todos ellos encuentran, a su vez, átomos excitados, provocarán la emisión de cuatro fotones más, con lo cual tendremos ocho fotones, y así sucesivamente: habrá un crecimiento exponencial en el número de fotones.

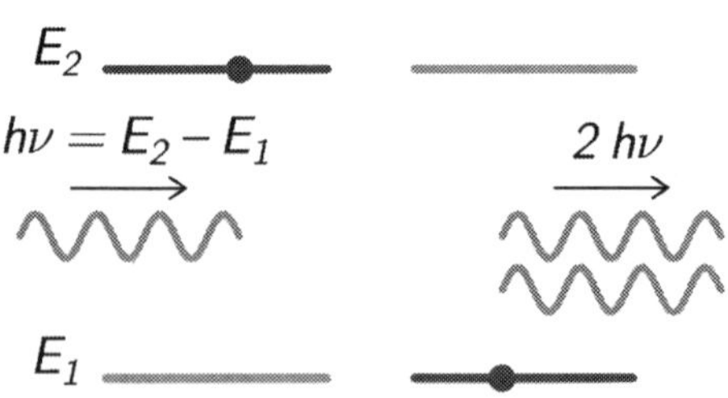

Figura 8.1. Proceso de la radiación estimulada: un fotón de la frecuencia adecuada llega a un átomo excitado (figura de la izquierda) y hace que se desexcite inmediatamente, dando un nuevo fotón de las mismas características que el original, al cual se suma constructivamente (figura de la derecha).

El objetivo del láser es aprovechar este fenómeno colectivo. Para ello, se excita una población de átomos mediante un estímulo eléctrico o luminoso; se envía un fotón a la población, y se obtiene muchos fotones idénticos, sumándose los unos a los otros. La población de átomos excitados se sitúa en una cavidad entre dos espejos, uno de ellos completamente reflectante y el otro semirreflectante; por este último sale una buena parte de los fotones, que constituyen el rayo láser, pero otros fotones regresan hacia atrás y al atravesar de nuevo la población de átomos excitados inducen la emisión de nuevos fotones, que se reflejarán en el espejo final y, a su regreso, estimularán la emisión de todavía más fotones.

Características de la luz láser

Las características que distinguen la luz láser de la luz normal son que en el láser todos los fotones tienen la misma frecuencia y marchan al mismo paso (tienen la misma fase). Por ello, interfieren aditivamente, cosa que permite conseguir energías luminosas elevadas con relativamente poca potencia estimuladora. En cambio, en la luz normal hay muchas frecuencias diferentes y muchas fases diferentes. Una analogía de la diferencia entre el láser y la luz normal es la que hay entre el sonido rítmico e intenso producido por una columna de soldados marchando al paso, y el sonido más apagado, difuso y sin ritmo de gente que pasea.

Para producir el láser se necesita que haya más electrones en niveles de más energía, prestos a caer al nivel inferior y emitir un fotón, que en niveles de menos energía, que absorberían un fotón. Esa situación se denomina una inversión de población, ya que es lo contrario de lo que ocurre en las situaciones de equilibrio. Esa característica requiere suministrar energía a la población de átomos.

Una breve historia

La idea de Einstein tardó casi cuarenta años en ser aplicada. No resultaba fácil conseguir los medios necesarios para hacerla realidad, ni se imaginaba que esa realidad pudiera superar tan ampliamente las expectativas en potencia, precisión y cantidad de aplicaciones. El impulso hacia el láser se inicia hacia 1950, cuando Alfred Kastler (premio Nobel de Física de 1966), en París, propone un método para producir una inversión de población. En 1952, Charles Townes, en los laboratorios Bell de Nueva Jersey (Estados Unidos) —esos laboratorios han aparecido ya varias veces en nuestra narración, por la importancia de sus aportaciones a la física cuántica desde 1945— fabrica el primer amplificador de microondas (máser) pulsante: se trata del mismo principio del láser, pero para ondas de longitud de onda más larga.

En mayo de 1960, T. H Mainman en los Hughes Research Laboratories consigue el primer láser: un cristal de rubí estimulado pulsante que emite luz roja. A finales de 1960, A. Javan, W. R. Bennet y D. Herriott construyen el primer láser de gas, con helio y neón, de funcionamiento continuo. Desde entonces, el progreso ha sido ininterrumpido: conseguir longitudes de onda más diversas, potencias superiores, más duración del pico de intensidad, mayor rendimiento, menor coste, nuevos materiales para produir la luz. Para mencionar tan solo unos pocos hitos, diremos que en 1962 se consiguió los primeros láseres de semiconductores, de que hemos hablado en el capítulo anterior; en 1976, los primeros láseres de electrones libres —en lugar de ligados a átomos— capaces de producir radiación en una amplia diversidad de frecuencias, desde microondas a rayos X; y en 1992 se consiguió los primeros láseres sin inversión de población, mediante técnicas de transparencia óptica inducida.

Aplicaciones

Además de su interés científico fundamental, los láseres tienen una multitud de aplicaciones, por lo cual las ventas mundiales relacionadas con ellos son del orden de miles de millones de dólares cada año. En la industria, se utilizan para cortar y soldar metales, aprovechando la gran potencia localizada sobre un área pequeña que el láser puede suministrar. A intensidades mucho más bajas, el láser se utiliza en impresoras, en punteros láser, y en la lectura o la grabación de discos ópticos digitales (CD, DVD, Blu-Ray). Otra aplicación industrial es la metrología: midiendo el tiempo de ida y regreso de un pulso láser se consigue medir con gran precisión la distancia entre dos puntos y, en particular, los detalles geométricos de un objeto.

Las aplicaciones militares son de dos tipos: utilizar el rayo láser como arma, dándole una gran intensidad para que destruya directamente objetivos militares, desde mísiles en vuelo hasta tanques en tierra, o utilizar el láser para guiar mísiles hasta el blanco, produciendo un camino ionizado en el aire, que será seguido por el mísil hasta el objetivo.

En medicina, los láseres proporcionan un bisturí de luz que permite hacer incisiones con gran precisión, sin peligro de infección y con muy poco derramamiento de sangre, ya que el rayo cauteriza los capilares y arteriolas de la zona afectada. Se utilizan láseres en oftalmología para frenar desprendimientos de retina, perforar el margen del cristalino para reducir la presión del humor vítreo sobre la retina, o modificar la curvatura de la córnea. En dermatología, se utiliza el láser para cauterizar algunos tipos de zonas enfermas, para tratar acné, o eliminar manchas o tatuajes. Cada una de esas aplicaciones requiere una selección adecuada de longitud de onda y de potencia y, por lo tanto, de un tipo adecuado de láser.

Láseres y fibras ópticas

La combinación de láseres con fibras ópticas permite otros tipos de aplicaciones. Las fibras ópticas son cables muy finos de material muy transparente, con índice de refracción interno mucho mayor que el externo, en que cuando el rayo choca con la pared se refleja sin perder intensidad. Con ello se consigue transportar luz como las mangueras transportan agua. En medicina, se usan para la exploración lo menos invasiva posible de órganos internos, o para la intervención quirúrgica en tales órganos. Para ello se combinan varias fibras en paralelo: una envía luz para iluminar la zona, la otra transmite la imagen hacia fuera, y una tercera fibra puede transportar un rayo láser para quemar el tejido donde convenga.

Otra gran aplicación se halla en telecomunicaciones: en lugar de utilizar ondas de longitud de onda relativamente larga a lo largo de un cable metálico, se transmiten ondas de longitud de onda muy pequeña a lo largo de fibras ópticas. Con ello, se consigue transmitir mucha más información por unidad de tiempo —muchas más conversaciones simultáneas, por ejemplo— ya que la información se codifica en forma mucho más compacta.

El desarrollo de fibras ópticas —que fue reconocido con el premio Nobel de Física de 2009 otorgado a C. K. Kao, uno de sus iniciadores— es un campo de gran interés de la ingeniería cuántica de materiales: exige materiales muy transparentes, muy flexibles, que envejezcan muy lentamente, que tengan los índices de refracción adecuados, y que puedan actuar como amplificadores directos de la señal óptica en los puntos en que eso convenga. La óptica cuántica se combina con la ingeniería cuántica de materiales para tratar conjuntamente luz y materia.

Optoelectrónica

En tanto que los electrones chocan entre sí y se obstaculizan mutuamente, los haces de fotones se atraviesan entre sí, por lo cual resultan adecuados para comunicar entre sí los diversos transistores en circuitos integrados. En efecto, aunque la respuesta de cada transistor sea muy rápida, la velocidad final del dispositivo está limitada por la velocidad de transmisión entre los transistores; asimismo, la densidad total de transistores en el circuito integrado está limitada por el espacio requerido por los cables y el calor producido en estos. Esas limitaciones son mucho menores si se transmite la señal mediante fotones. Además, la velocidad de transmisión con fotones resulta unas cien veces mayor que mediante señales eléctricas en cables. La optoelectrónica consiste, precisamente, en el desarrollo de dispositivos mixtos ópticos y electrónicos para optimizar el procesamiento o transmisión de información. Los transistores captan la luz mediante células fotoeléctricas y una vez procesada la información reemiten la señal saliente mediante láseres miniaturizados.

Por muy elaborado que eso sea, la conversión de señal luminosa a eléctrica y viceversa implica retrasos en el procesamiento. Para superar ese límite, se están desarrollando dispositivos computacionales puramente ópticos. Para conseguir un transistor óptico, se intenta que un haz de luz pueda regular la propagación de otro. En general eso no ocurre, ya que los haces simplemente se atraviesan los unos a los otros; pero en algunos dispositivos un haz de luz suficientemente intenso modifica el índice de refracción del medio. Con ello, se pueden conseguir cavidades que dejen pasar luz de una cierta longitud de onda, pero no de otras longitudes de onda, y se pueden conseguir transistores puramente ópticos.

Hologramas

Los hologramas son imágenes bidimensionales que contienen información no solo sobre la intensidad y el color de cada punto de un objeto, como las fotografías clásicas, sino también sobre la fase relativa de la onda. Esta información permite una representación tridimensional del objeto, con una gran sensación de profundidad. Además, la imagen es tal que al irla girando vemos nueva información sobre el objeto, como si fuéramos girando a su alrededor. Los hologramas contienen información de un objeto de tres dimensiones en una superficie de dos dimensiones, y tienen la curiosa propiedad de que cada parte del cliché contiene información sobre el conjunto de toda la imagen. Eso hace que sean utilizados a menudo metafóricamente en el sentido de globalidad de cada parte del conjunto. Por ejemplo, la información de la memoria en el cerebro es en cierta manera holográfica, ya que se guarda repartida por todas las sinapsis de una zona relativamente grande del cerebro, con muchas imágenes superpuestas, en lugar de almacenar cada imagen en una zona por separado.

La técnica de la holografía fue ideada por Denis Gabor en los años 1940 (premio Nobel de Física de 1971), pero los primeros hologramas no fueron conseguidos hasta que se pudo disponer de láseres, capaces de producir luz con una fase bien controlada, hacia 1962, y cautivaron inmediatamente la atención del gran público y de los artistas por la espectacularidad de sus efectos visuales.

Pinzas ópticas y enfriamiento de átomos

Mediante láseres, se puede regular delicadamente la posición y velocidad de pequeños objetos e incluso de átomos. Cuando un haz láser ilumina una bolita transparente sumergida en un medio de diferente índice de refracción, ejerce sobre ella una fuerza que la sitúa en el punto medio del haz. De esa manera, se puede controlar con gran detalle la posición de la bola y ejercer sobre ella fuerzas minúsculas y exquisitamente calibradas. Entre otras aplicaciones, esas pinzas se utilizan en biofísica: se adhieren los extremos de una molécula de interés biológico —un fragmento de ADN, de ARN, o de proteína— a dos bolitas y se controlan sus separaciones y las fuerzas efectuadas sobre ellas, con lo cual se consigue información minuciosa sobre propiedades de dichas moléculas, o de diversos motores moleculares biológicos.

Enfriar un gas significa reducir la velocidad desordenada de las partículas que lo componen. Los láseres permiten hacerlo y lograr temperaturas muy bajas, del orden de millonésimas de grado. En efecto, los átomos tienen unas frecuencias características de absorción y emisión dadas por la física cuántica. Si el átomo está en movimiento, su frecuencia cambia, según el efecto Doppler. El enfriamiento mediante láser consiste en iluminar un gas con radiación de frecuencia ligeramente superior a su frecuencia de absorción en reposo. Así, los átomos que se mueven hacia la fuente absorben más fotones que los que se alejan de ella. Pero al captar un fotón se frenan ligeramente y al reemitirlo se vuelven a acelerar, pero en direcciones aleatorias. Así, al iluminar un gas con dos láseres en sentidos opuestos, convenientemente sintonizados, irán frenando poco a poco sus átomos. Steven Chu, William Phillips y Claude Cohen-Tanoudji recibieron el premio Nobel de Física de 1997 por el desarrollo de esas técnicas, que han permitido grandes avances en la física de muy bajas temperaturas —tema que tratamos en el capítulo siguiente—.

Fusión nuclear inercial

En los apartados anteriores hemos hablado de láseres de baja potencia o potencia media —salvo en las aplicaciones militares—. Una aplicación de láseres de muy gran potencia es la fusión nuclear. En el capítulo 5 hemos comentado que la manera más usual de mantener el deuterio y el tritio a millones de grados y a densidades muy elevadas para producir fusiones nucleares controladas es mediante campos magnéticos. Una manera alternativa de conseguirlo es mediante pulsos muy energéticos de láseres de gran potencia, en que la presión de la radiación comprime y calienta poderosamente pequeñas bolas de hidrógeno sólido. De esta forma, se consigue una pequeña explosión nuclear que libera una cantidad abundante de energía. En este método, la fusión tiene forma pulsante, como en un motor de explosión, en lugar de tenerla en forma continua, como se persigue, por ejemplo, en el proyecto ITER de centrales de confinamiento magnético. En Estados Unidos, el centro de esa investigación es la National Ignition Facility, del Laboratorio Lawrence en Livermore (California), cuya construcción terminó en 2009. Allí se utiliza un sistema de ciento noventa y dos láseres minuciosamente sincronizados y apuntando a un mismo centro, que comunica breves pulsos de una potencia tan elevada como decenas de millones de megawatios.

Distancia de la Tierra a la Luna

Una aplicación curiosa de los rayos láser es la medida cotidiana sistemática de la distancia entre la Tierra y la Luna, enviando un pulso láser desde la Tierra a un espejo que dejaron en la superficie de la Luna los astronautas del Apolo 11 en 1969. Al medir el tiempo que la luz tarda en ir y volver se consigue medir la distancia. La Luna se aleja de la Tierra a razón de unos cuatro centímetros por año, a causa de que la velocidad de rotación de la Tierra sobre su eje va disminuyendo lentamente, por la fricción de las mareas. La conservación del momento angular total del sistema Tierra-Luna requiere entonces que la Luna se vaya alejando. Además, cuando en la Tierra hay terremotos o maremotos que ponen en movimiento grandes cantidades de masa, se modifica ligeramente su velocidad de rotación, de forma imperceptible por mediciones directas, pero observable en pequeñas variaciones de la distancia entre la Tierra y la Luna.

9

CONDUCTIVIDADES SIN LÍMITE
Superconductores y superfluidos

La física cuántica no está limitada a átomos o moléculas, sino que también se aplica a materiales macroscópicos, como semiconductores e imanes. En los casos mencionados, no había un comportamiento colectivo coherente, pero sí lo había en el láser: en este, todos los fotones tienen la misma longitud de onda y la misma fase, y el sistema, aunque está formado por partes, actúa como un todo. Ese tipo de funcionamiento global en que el todo impone a cada una de sus partes un comportamiento unánime, sincrónico y reforzado, también ocurre con la materia, en superconductores y superfluidos.

La superconductividad consiste en que la resistencia eléctrica de un material cae bruscamente a cero por debajo de una cierta temperatura crítica. La reducción de resistencia es tan radical, que si se produce una corriente en un anillo de material superconductor, la corriente se mantiene sin disminución apreciable durante décadas. Las primeras observaciones realizadas en estos campos se deben al físico holandés Kammerling-Onnes, que dedicó su vida a la crioscopía, es decir, al estudio de las bajas temperaturas. En 1908, consiguió la licuefacción del helio, a unos cuatro grados Kelvin, la temperatura más baja jamás alcanzada hasta entonces, por lo cual le fue otorgado el premio Nobel de Física de 1913.

La superfluidez consiste en que la viscosidad de algunos líquidos —básicamente el helio— disminuye bruscamente por debajo de una cierta temperatura crítica. Obviamente, estas propiedades pueden tener un gran interés práctico. Al tener resistencia eléctrica nula, los superconductores permiten transportar grandes intensidades de corriente eléctrica sin perder energía en forma de calor. Eso permite producir campos magnéticos muy intensos, necesarios, por ejemplo, en la resonancia magnética nuclear, en los imanes que curvan las trayectorias de los iones en los aceleradores de partículas, o en trenes de levitación magnética. Asimismo, los superfluidos resultan especialmente adecuados como líquidos refrigerantes en instalaciones que requieren muy bajas temperaturas.

La condensación de Bose-Einstein

El origen cuántico intuitivo de esos comportamientos fuertemente colectivos está relacionado con la dualidad partícula-onda. Según De Broglie, cada partícula en movimiento tiene asociada una longitud de onda tanto más larga cuanto menor es su velocidad. Como la temperatura está relacionada con el cuadrado de la velocidad de la agitación térmica de las partículas en los gases, se sigue que a medida que la temperatura va descendiendo la longitud de onda asociada a las partículas se va haciendo cada vez mayor. Cuando la temperatura es suficientemente baja, la longitud de onda asociada al movimiento térmico se hace tan grande que alcanza otras partículas.

Así, las ondas de las diversas partículas empiezan a interferir poderosamente entre sí. En algunos casos, las ondas cuánticas relacionadas con el movimiento interfieren positivamente y organizan de forma coherente el movimiento global de las partículas, aunque entre ellas no haya una interacción física. Einstein dedujo este tipo de comportamiento colectivo —denominado condensación de Bose-Einstein— en un trabajo de 1925, para partículas de espín entero —las de espín semientero obedecen al principio de exclusión de Pauli, por lo cual se rechazan mutuamente en lugar de atraerse—.

La idea de la condensación de Bose-Einstein ya fue utilizada desde los años 1930 como base teórica para explicar la superconductividad y la superfluidez, pero las condiciones físicas en los materiales densos en que se dan esos fenómenos no se corresponden estrictamente con la situación imaginada por Einstein, en la cual las partículas no interaccionaban directamente entre sí. La condensación estricta de Bose-Einstein fue conseguida por primera vez en 1995, por Eric Cornell y Carl Wieman en átomos de rubidio, y posteriormente por Wolfgang Ketterle en átomos de hidrógeno (premio Nobel de Física de 2001 para los tres). Desde entonces, los condensados de Bose-Einstein han sido uno de los protagonistas de la física de bajas temperaturas, y constituyen una clara manifestación de efectos colectivos puramente cuánticos.

Esos condensados consisten en un gas muy diluido de átomos neutros, que no interaccionan entre sí, porque los átomos se hallan separados una distancia superior que el alcance de su interacción eléctrica. Al ir enfriando el sistema, los átomos se mueven más lentamente, pero no dejan de formar un gas, porque nada atrae a los diversos átomos. Supongamos que se hace oscilar uno de los átomos del sistema, mediante una fuerza externa. Si la temperatura no es lo bastante baja para haber alcanzado la condensación, y como este átomo no interacciona con los demás, este movimiento queda limitado al átomo al que se aplica la fuerza activadora. Sin embargo, una vez alcanzada la condensación, la oscilación se transmite a todos los átomos del sistema, aunque la única interacción entre ellos sea solo la correlación cuántica, es decir, el hecho de compartir una misma función de onda común. Así, en cierta manera, un condensado de Bose-Einstein es como un láser de ondas de materia en lugar de un láser de ondas de luz, ya que en ambos sistemas las ondas correspondientes interfieren positivamente.

Superconductividad

A bajas temperaturas aparecen muchas sorpresas: la conductividad eléctrica puede llegar a hacerse prácticamente infinita —en otras palabras, la resistencia puede llegar prácticamente a anularse—. Ello tiene consecuencias tecnológicas importantes para el transporte de corriente eléctrica. En los cables normales se pierde energía eléctrica por calentamiento —para reducir ese calentamiento se aumenta mucho el voltaje en las grandes líneas de transmisión eléctrica, reduciendo así la corriente y el calentamiento—. Los cables superconductores permiten transportar corriente largas distancias sin pérdida alguna, aunque el precio que hay que pagar es que los cables tienen que estar a temperatura muy baja.

La superconductividad fue descubierta en 1911 en Leiden por Kammerling-Onnes, al enfriar un filamento de mercurio —obviamente sólido, a tan bajas temperaturas— y ver que su

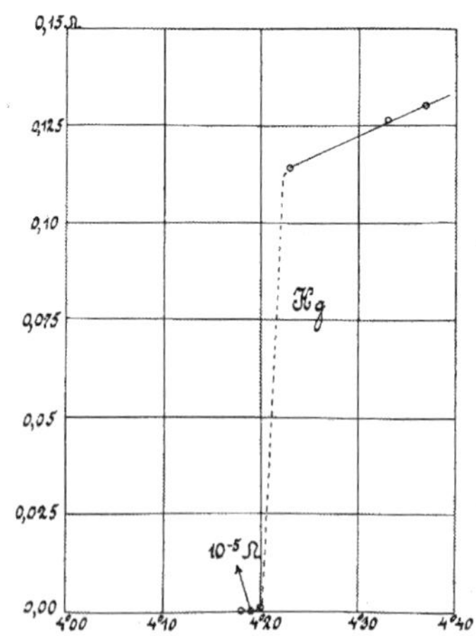

Figura 9.1. Figura original de Kammerling-Onnes de la primera observación de superconductividad: la resistividad del mercurio (representada en el eje vertical) cae bruscamente a cero cuando la temperatura (representada en el eje horizontal) alcanza un valor crítico.

resistencia caía bruscamente a cero a una cierta temperatura. Poco después comprobó que lo mismo ocurría con otros metales, aunque a temperatura diferente para cada uno. En 1933, experimentos de W. Meissner y R. Ochensefeld respecto de las propiedades magnéticas de los superconductores volvieron a poner ese tema en la frontera de la física. El efecto Meissner consiste en la expulsión del campo magnético del interior de un material cuando este se convierte en superconductor. Se vio, pues, que los superconductores tienen también propiedades magnéticas excepcionales, aunque, en cambio, campos magnéticos excesivamente intensos destruyen la superconductividad.

Trabajos de Fritz London en 1940 sobre esos efectos supusieron el punto de arranque de las teorías cuánticas de la superconductividad. En 1956, Leon Cooper identificó como origen de la superconductividad el apareamiento de electrones, en pares de Cooper. Esos pares tienen un espín conjunto cero, lo cual hace que, a diferencia de los electrones por separado —que tienen espín ½— puedan presentar la condensación de Bose-Einstein. Así, su función de onda es una función coherente, conjunta, de manera que fluyen como un todo, ya

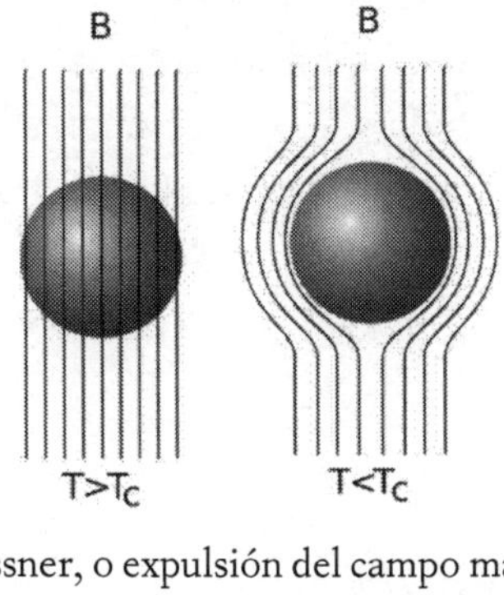

Figura 9.2. Efecto Meissner, o expulsión del campo magnético (indicado por las líneas) de un superconductor; a la izquierda, la temperatura es superior a la temperatura crítica T_c y el campo magnético penetra en la bola; a la derecha, el material se ha convertido en superconductor (la temperatura es inferior a la temperatura crítica) y expulsa el campo magnético de su interior.

que para romper el estado coherente conjunto se requiere una energía bastante superior a la que caracteriza los choques de los electrones contra la red.

La formación de pares de Cooper es uno de los ingredientes básicos de la superconductividad. Ese apareamiento resulta sorprendente, ya que los electrones se repelen electrostáticamente. El apareamiento se produce como consecuencia de la interacción entre los electrones y la red: un electrón en movimiento distorsiona ligeramente la red de iones positivos del metal —atraída por la carga negativa del electrón— y esa distorsión de las cargas positivas de la red atrae a su vez a otro electrón. Por debajo de una cierta temperatura, este mecanismo produce los pares de Cooper. Así se puede entender algo tan poco intuitivo como el hecho de que la plata y el cobre, los metales más conductores, prácticamente no presenten superconductividad —salvo a temperaturas menores que una milésima de grado—. Esa contradicción aparente se debe a que la buena conductividad de la plata y el cobre es consecuencia de la baja interacción entre los electrones y la red de iones. Pero esa baja interacción, favorable para la conductividad, es desfavorable en cambio para la formación de pares de Cooper y, por lo tanto, para la superconductividad. Esas ideas fueron propuestas de forma sistemática en la teoria BCS, de John Bardeen, Leon Cooper y Robert Schrieffer de 1957 (premio Nobel de Física de 1972), que describe varias características universales de los superconductores, relacionadas con sus calores específicos, o con la energía mínima necesaria para romper un par de Cooper.

Superconductores y magnetismo

En principio, un cable superconductor podría conducir una intensidad de corriente elevadísima, ya que a diferencia de los conductores normales no se calienta con el paso de corriente. Sin embargo, la corriente tiene un límite, ya que la superconductividad es destruida por campos magnéticos demasiado intensos. Como la corriente eléctrica produce un campo magnético, intensidades demasiado elevadas destruyen la superconductividad, con lo cual el material se calienta bruscamente y se puede llegar a fundir o explotar. La destrucción de la superconductividad por efectos de un campo magnético puede ser de dos formas: o bien una penetración brusca al alcanzar el campo un valor crítico (tipo I) o bien una penetración gradual a medida que aumenta el campo magnético (tipo II), en los que el campo magnético va entrando en pequeños vórtices cuantizados.

No obstante, el campo magnético que destruye la superconductividad es relativamente elevado, por lo cual una aplicación de los cables superconductores es proporcionar electroimanes muy potentes, como los utilizados en los aceleradores de partículas —por ejemplo, los imanes del acelerador LHC del CERN, que son enfriados con decenas de miles de litros de helio superfluido—, o campos magnéticos en resonancia magnética nuclear. Una aplicación especialmente espectacular son los trenes de levitación magnética, que se mantienen suspendidos sobre la vía por las fuerzas magnéticas, y por lo tanto funcionan prácticamente como aviones que volaran a pocos centímetros del suelo. Un tren japonés de esas características, inaugurado en 1997, ha llegado a alcanzar velocidades de casi seiscientos kilómetros por hora. Sin los imanes superconductores, sería imposible alcanzar los intensos campos magnéticos necesarios para ello.

La superconductividad también tiene interés en computación, mediante las uniones de Josephson. En 1962, Brian Josephson se preguntó qué ocurriría si en un superconductor se intercalara una fina capa aislante; en concreto, pretendía estudiar el efecto túnel de pares de electrones de Cooper a través de dicha capa. El resultado superó sus expectativas y descubrió diversos aspectos inesperados. Uno de ellos, por ejemplo, es que al aplicar una diferencia de potencial constante entre los dos lados de la capa, aparece una corriente eléctrica con una frecuencia relacionada con el potencial y, especialmente, con el cociente de dos constantes físicas universales: la carga del electrón y la constante de Planck, lo que permite medir esas constantes con gran precisión. Combinando dos uniones de Josephson en un bucle cerrado, se consiguen los dispositivos llamados SQUID —*superconducting quantum interference devices*— que pueden medir campos magnéticos diminutos, como los campos magnéticos cerebrales, base de la magnetoencefalografía. Además, se pueden utilizar como transistores de electrones individuales, o como base de memorias digitales —sea en bits convencionales o en qubits de información cuántica, que trataremos en el capítulo 15—. Josephson compartió con Giaever y Esaki el premio Nobel de Física de 1973.

Superconductividad de alta temperatura crítica

Ya desde 1911 se comprendió que conseguir materiales superconductores sería muy interesante desde el punto de vista práctico. Sin embargo, para que la transmisión de corriente a grandes distancias resulte práctica, se necesita que la temperatura de los cables no deba ser demasiado baja, ya que de lo contrario se gasta mucha energía en enfriarlos, lo cual reduce sus ventajas. En particular, se intentaba conseguir materiales que fueran superconductores a una temperatura superior a la del nitrógeno líquido —a ciento noventa y seis grados bajo cero— que puede conseguirse con cierta facilidad, y que podría utilizarse para mantener enfriados los cables. Pero, pese a los muchos esfuerzos realizados entre 1915 y 1985, la máxima temperatura crítica que se había conseguido era de unos veinte grados Kelvin, para una aleación de niobio —el metal que tiene temperatura crítica más elevada, de unos diez grados Kelvin en estado puro—. La investigación parecía hallarse en punto muerto, ante una barrera casi infranqueable.

La situación cambió radicalmente cuando en noviembre de 1986 J. G. Bednorz y K. A. Muller (premio Nobel de Física de 1987) de los laboratorios de la IBM en Zurich, utilizando materiales cerámicos —muy poco conductores— consiguieron un material —un óxido de cobre, lantano y bario— que pasaba a ser superconductor a temperaturas de treinta y dos grados Kelvin, un salto considerable respecto de los veinte grados Kelvin conseguidos hasta entonces. Ello concentró el interés de muchos investigadores en este tipo de materiales: pocos meses después se había conseguido un material superconductor a unos setenta grados Kelvin, y dos años después se había llegado a unos ciento diez grados Kelvin; actualmente, el límite se halla en unos ciento cuarenta grados Kelvin —unos ciento treinta grados bajo cero—. Se han conseguido ya cables de varios centenares de metros que transportan intensidades eléctricas muy elevadas. La teoría de Bardeen, Cooper y Schrieffer no sirve para explicar la superconductividad de alta temperatura crítica. No podemos entrar en los detalles de las teorías actuales sobre este interesante fenómeno.

Superfluidez

La superfluidez tiene ciertas analogías con la superconductividad: lo que se anula no es la resistencia al flujo de corriente eléctrica, sino al flujo de materia. La superfluidez se presenta en helio 4 líquido. El helio fue precisamente el gas que más se resistió a ser licuado: no se consiguió en forma líquida hasta 1910, en el laboratorio de Kammerling-Onnes, a 4,2 K y bajo una presión de unas veinticinco atmósferas. Esa gran resistencia a abandonar el estado gaseoso es, precisamente, un efecto cuántico.

A 2,2 grados Kelvin, el helio líquido presenta unos curiosos cambios de calor específico y de fluidez, como fue descubierto por Keesom y Kapitza entre 1932 y 1938. El helio superfluido es un superconductor del calor, que pasa desde la zona más caliente a la más fría sin resistencia alguna. Ello ocurre, análogamente a la superconductividad, por el comportamiento cuántico coordinado de todas las partículas, en que una gran parte de ellas se mueven al unísono, en una danza exquisitamente coordinada que les permite sortear la fricción. Entre otras muchas curiosidades, el helio líquido trepa por las paredes de los recipientes y escapa al exterior, salvo que estén herméticamente cerrados.

El fenómeno de la superfluidez es curioso y sutil: por un lado, el helio superfluido circula sin fricción a lo largo de tubos capilares muy finos; sin embargo, si se hace oscilar un disco dentro de helio superfluido, la fricción del helio va amortiguando sus oscilaciones hasta frenarlas. Se presentan, pues, dos aspectos: el superfluido y el normal. Por ello, Lev D. Landau, uno de los grandes físicos rusos del siglo XX, premio Nobel de Física de 1962 por su teoría de los líquidos cuánticos, propuso el modelo de dos fluidos, según el cual, entre 2,2 K y 0 K el helio estaría compuesto por dos componentes: el superfluido, cuyo porcentaje aumentaría a medida que disminuye la temperatura, y el normal, que iría disminuyendo a medida que disminuye la temperatura, hasta que en el cero absoluto todo el helio correspondería a la componente superfluida.

Tal como en superconductividad hay una corriente crítica por encima de la cual la superconductividad desaparece, el comportamiento superfluido se puede llegar a perder si la velocidad del helio supera un cierto valor crítico, por encima del cual aparece turbulencia cuántica en el superfluido. La característica más especial de la turbulencia cuántica es que los re-

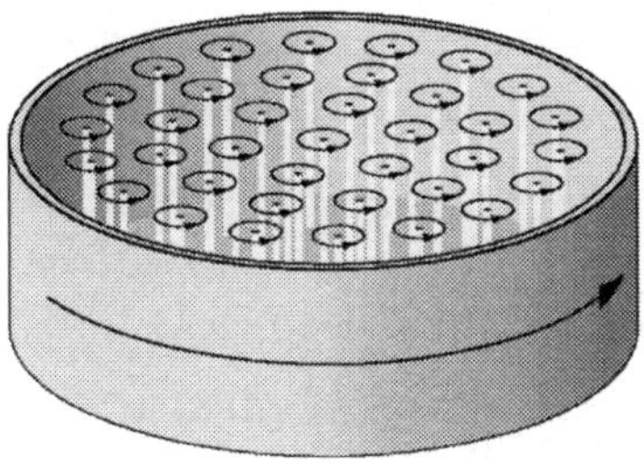

Figura 9.3. Cuando el helio superfluido gira con velocidad angular suficientemente elevada, surgen en él vórtices cuantizados paralelos al eje de rotación y que se distribuyen regularmente.

molinos cuánticos no pueden girar con cualquier velocidad, sino tan solo con un valor especificado por la condición de cuantización de Bohr, pero aplicada a la hidrodinámica rotacional del vórtice y no a las órbitas electrónicas dentro de los átomos.

Superfluidez en el helio 3

El helio se encuentra en dos formas: el helio 4 (dos protones y dos neutrones) es la más abundante pero también hay otro isótopo, mucho menos frecuente, constituido por dos protones y un neutrón. El helio 4 tiene espín cero y el helio 3 espín ½, lo cual conlleva que el segundo está sometido al principio de exclusión de Pauli, pero no el primero. En los años 1970 se descubrió superfluidez en el helio 3 por David M. Lee, Douglas D. Osheroff, Robert C. Richardson (premio Nobel de 1996). A diferencia del helio 4, para poder alcanzar la superfluidez en el helio 3 se deben agrupar los átomos en pares, tal como los electrones de espín ½ se agrupan en pares de Cooper en la superconductividad. La superfluidez aparece en el helio 3 a temperaturas del orden de milésimas de grados Kelvin, y tiene características más variadas y sutiles que las del helio 4:

presenta tres fase superfluidas diferentes, en lugar de una sola fase superfluida como ocurre con el helio 4, y las complejidades geométricas de esas fases lo convierten en un buen modelo para estudiar las propiedades de hipotéticas cuerdas cósmicas y defectos geométricos en el universo.

Se cree que en las estrellas de neutrones a muy bajas temperaturas los neutrones —de espín ½— podrían estar en estado superfluido, previo apareamiento de dos en dos, y que a causa de su rápida rotación tendrían en su interior vórtices cuantizados, que afectan a algunos detalles de su elevada velocidad de rotación.

10

BASES DE LA VIDA
La física cuántica y la vida

En un sentido obvio, la vida es deudora de la física cuántica; sin la física cuántica los átomos no serían estables, y sin las sutilezas de las resonancias entre niveles nucleares no existirían átomos de carbono, oxígeno ni nitrógeno, de los que depende la vida que conocemos. Al preguntarnos por efectos cuánticos y vida nos estamos preguntando por aspectos cuánticos más concretos que la existencia de los átomos.

Entre las aplicaciones de la física cuántica que hemos tratado en los capítulos anteriores, destacan dos aspectos principales en lo que se refiere a la salud y la vida. El más llamativo y de mayor impacto público es el poder destructor de las armas nucleares y de la radiactividad; el otro, más positivo, las capacidades exploradoras y terapéuticas de la radioterapia, la resonancia magnética nuclear, las fibras ópticas, los láseres, la magnetoencefalografía y otras técnicas basadas en efectos cuánticos. Pero hay otras dos facetas a considerar: una de ellas se refiere a características de las moléculas relevantes para la vida, y la otra, más especulativa, explora la posibilidad de aspectos cuánticos colectivos coherentes, sea en etapas iniciales de la evolución prebiótica, en moléculas complejas, o en el funcionamiento cerebral.

Efectos biológicos de la radiactividad

Desde la perspectiva del gran público, la relación más inquietante entre la vida y los temas que tratamos en este libro son los efectos de la radiactividad. Las bombas nucleares producen, como todas las bombas, una onda de presión que derrumba edificios y esparce metralla, y una onda de temperatura, mucho más tórrida que cualquier otra bomba. Pero tienen un tercer efecto más durable y misterioso, el de la radiactividad: quemaduras, caída de pelo, trastornos de la sangre, del sistema nervioso y del sistema digestivo, y alteraciones genéticas que dan lugar a cánceres o a malformaciones en los fetos. Esos efectos dieron un dramatismo especial a las bombas de Hiroshima y Nagasaki —pocos días antes de ellas, bombas incendiarias convencionales provocaron casi cien mil muertos en Tokio, pero nadie se acuerda de ellos—. Las bombas de neutrones, no utilizadas todavía, maximizan el tercer efecto: producen ondas de presión y de temperatura relativamente pequeñas, pero esparcen muchas partículas radiactivas que matan a los organismos sin destruir los edificios.

Los efectos biológicos de la radiactividad dependen de la cantidad y tipo de radiación absorbida, y del tipo de organismo que la recibe. Lo más sorprendente es que si una cantidad de energía radiactiva absolutamente letal se suministrara en forma de calor, la temperatura del organismo que la absorbe subiría apenas tres centésimas de grado, mucho menor que las variaciones de temperatura a lo largo del día. ¿Por qué resulta tan nociva la radiactividad?

La explicación reside en que la energía térmica se distribuye entre millones de billones de moléculas, de manera que a cada una le toca en parte una cantidad escasa de energía; en cambio, en la radiactividad, la energía está concentrada en un número reducido de partículas, que tienen una energía miles de veces superior a la energía térmica y pueden romper las moléculas biológicas, producir mutaciones en el ADN, perforar membranas, o excitar moléculas sencillas y convertirlas en radicales libres que atacan a moléculas de su entorno.

La dosis de radiación física se mide en energía absorbida por unidad de masa. La dosis biológica se obtiene al multiplicar la dosis física por un coeficiente que tiene en cuenta la peligrosidad del tipo de radiación y la sensibilidad del tipo de órgano o de organismo. Las instalaciones con riesgo de emitir radiaciones ionizantes —desde rayos X a radiactividad— deben ser controladas para que sus emisiones no superen un cierto valor admitido, muy inferior a los valores donde se supone que empieza la peligrosidad. El riesgo individual nunca es nulo, pero a efectos estadísticos puede hacerse suficientemente pequeño como para ser asumible —por ejemplo, una quinta parte del riesgo de morir en un accidente de automóvil—. Pero esas cuestiones deben ser tratadas serenamente e informadamente por el conjunto de la sociedad, para establecer hasta qué punto son asumibles ciertos riesgos en función de sus posibles beneficios: no es una cuestión exclusivamente técnica, sino también sociológica, filosófica y política.

Física cuántica y medicina

La consideración del cuerpo, actualmente, está mucho más enfocada en la materia —bioquímica— que en la energía —biofísica— salvo en lo que se refiere a energía metabólica —bioenergética—. Probablemente, la visión futura estará algo más equilibrada, y complementará los indudables éxitos de la farmacología —que en un futuro será más personalizada que en la actualidad— con la aplicación de técnicas físicas centradas en flujos de energía y de información. Qué papel pueda jugar la física cuántica en esa perspectiva, más global, es una cuestión abierta.

La radioterapia es una valiosa herramienta terapéutica contra el cáncer. Su eficacia estriba en que la radiactividad afecta más a las células que se están reproduciendo ya que en ellas los cromosomas están dilatados, para poderse duplicar mejor, y son más vulnerables. Así, al irradiar un órgano o un tejido biológico que contenga un tumor, todo él queda perjudicado por la radiación, pero queda mucho más maltrecho el tumor, ya que sus células se están reproduciendo a un ritmo más elevado.

Naturalmente, al irradiar un tumor se procura hacerlo desde direcciones diferentes en sesiones diferentes: así, el tejido sano recibe menos radiación que el tumor, y el tratamiento es más efectivo contra este y menos destructivo para aquel. Se están estudiando otras técnicas que, en lugar de irradiar con rayos gamma, electrones beta, partículas alfa o electrones acelerados, lo hagan con otros tipos de núcleos —de carbono, por ejemplo—, o con partículas inestables —como por ejemplo piones—. La estrategia consiste en conseguir que las partículas concentren su efecto destructivo a una profundidad determinada, que corresponda precisamente a la posición del tumor. Con ello, se perjudica menos el tejido sano y se ataca más al tumor.

La medicina nuclear tiene, aún, otros aspectos: por ejemplo, el uso de antielectrones —también llamados positrones— en las técnicas de tomografía de emisión de positrones, o la preparación de iones radiactivos que sean adecuados para el tratamiento de tipos concretos de cáncer, como el yodo radiactivo, que se acumula en el tiroides y se usa para el tratamiento del cáncer de tiroides.

Pero además de la radioterapia, las técnicas terapéuticas relacionadas con la física cuántica son diversas. Ya nos hemos referido al uso de láseres en cirugía, oftalmología y dermatología. La nanotecnología también presenta posibilidades prometedoras, usando, por ejemplo, puntos cuánticos, sensibles al color, como marcadores biológicos, ligados a receptores con afinidad por algún compuesto específico, asociado a un cáncer en particular. Al irradiar el órgano con una radiación de la frecuencia absorbida por el punto cuántico, la célula a la cual este se haya adherido recibirá mucha energía y será destruida, sin destruir las células de los alrededores.

Efectos cuánticos moleculares

En el capítulo 3 hemos comentado la importancia de los efectos cuánticos en la estructura y la polaridad del agua; clásicamente, uno hubiera esperado que dicha molécula fuera lineal y no polar, con lo cual sería un disolvente menos versátil y la existencia de vida habría sido más difícil. Pero esas afirmaciones lindan con lo especulativo. Nos concentraremos, como ilustración, en los pigmentos fotosensibles.

En el capítulo 1 hemos mencionado que la ley de Wien establece la frecuencia de radiación emitida con máxima potencia por una estrella de temperatura dada, y que esto tiene consecuencias relevantes en los pigmentos fotosensibles de los organismos que habiten en el sistema planetario de dicha estrella. Los humanos tenemos en los conos de la retina tres tipos de pigmentos, cuyos máximos de sensibilidad se hallan a quinientos setenta, quinientos cuarenta y cuatrocientos treinta nanómetros, aproximadamente. Muchos pájaros tienen cuatro pigmentos, y muchos mamíferos solo dos pigmentos. La historia evolutiva de esos pigmentos es muy interesante. Aquí nos interesa destacar que sus máximos de sensibilidad están relacionados con las características de interacción entre la luz y los diversos aminoácidos que componen el fotopigmento, interacción regida por la física cuántica. En el laboratorio, se han fabricado proteínas con propiedades ópticas muy diversas, cambiando los aminoácidos en diversas posiciones de la proteína. Con ello, se puede comprender, por ejemplo, la razón de los pigmentos sensibles en los ojos de peces que habitan a diversas profundidades del agua, donde el color predominante varía con la profundidad. En esos procesos interviene a menudo el efecto túnel cuántico, que permite atravesar una «barrera» de potencial que separa estados moleculares entre los cuales no se podría pasar en la física clásica.

Otro tema relacionado, pero mucho más sutil desde el punto de vista cuántico, es la molécula de clorofila. La fotosíntesis parece un tema bien conocido, pero, aun así, las sutilezas del transporte de electrones dentro de la clorofila tienen un gran interés. Actualmente, ese interés no se restringe a la biología, ya que se investiga en tipos artificiales de fotosíntesis para procesar energía limpia a partir de energía solar. En la clorofila, algunos electrones son excitados por la luz en la zona que actúa como antena recolectora de fotones, pero esos electrones deben ir hasta los centros activos donde tienen lugar las reacciones químicas de interés biológico. Naturalmente, conviene que en ese proceso de transporte se pierda poca energía. La optimización del rendimiento fotosintético requiere, por un lado, un área amplia de recolección de energía luminosa, pero si la energía ganada por los electrones se pierde en su transporte al centro activo, de poco serviría ampliar la antena. Pero, sorprendentemente, el rendimiento del transporte energético electrónico es casi de un cien por cien. Recientemente se han descubierto oscilaciones electrónicas coherentes en las partes donadoras y aceptoras de electrones dentro de la clorofila. Ello resulta extraño, porque uno esperaría que a temperaturas elevadas y en un contexto ruidoso la coherencia cuántica y el entrelazamiento de la función de onda —que tratamos en el capítulo 14— se perdiera inmediatamente. Así, parece que algunas moléculas biológicas tienen un comportamiento en que la física cuántica juega un papel más colectivo y sofisticado que el de establecer el espectro de absorción.

¿Efectos cuánticos coherentes? Física cuántica y cerebro

La vida es probablemente el fenómeno más sutil y fascinante que conocemos. En ella, los efectos colectivos entre genes, reacciones metabólicas, máquinas moleculares e influencias ambientales juegan un papel muy relevante. Nos podemos preguntar si los efectos colectivos coherentes de la física cuántica, como los que hemos visto en los dos capítulos anteriores, podrían intervenir en los sistemas vivos, o incluso jugar algún papel crucial en algunos procesos biofísicos.

Lo que separa los estados clásicos de los estados colectivos coherentes cuánticos es la pérdida de la coherencia entre las fases de los diversos componentes del sistema, que hace que estos vayan al unísono y sumen sus efectos de forma constructiva. Sin embargo, en los sistemas cuánticos no aislados, en contacto con un medio caracterizado por una cierta temperatura, la coherencia se pierde en tiempos brevísimos. Los superconductores y superfluidos pierden sus propiedades cuánticas coherentes si la temperatura sube demasiado.

Pese a eso, hay tres posibilidades de tener efectos cuánticos coherentes en sistemas vivos: una, que a pesar de que los tiempos de pérdida de coherencia sean breves, las máquinas moleculares pudieran realizar suficientes pasos coherentes en un tiempo breve para que supusieran una ventaja real con respecto al caso clásico. La segunda manera sería que la forma concreta de algunas moléculas les confiriera ciertas características topológicas que prolongaran los efectos de coherencia cuántica —como ocurre, en cierto modo, en los superconductores de alta temperatura crítica—; la tercera posibilidad sería que, por estar los sistemas biológicos alejados del equilibrio, pudieran conservar su coherencia en situaciones en que los sistemas en equilibrio no lo consiguen. Por ejemplo, en 1968, Fröhlich propuso que las oscilaciones de membranas o de macromoléculas biológicas, en presencia de un flujo de energía, pueden comportarse como un todo, en lugar de presentar oscilaciones individuales desordenadas. A diferencia de la superconductividad y la superfluidez, el fenómeno estudiado por Fröhlich se puede dar a temperatura ambiente si los flujos energéticos superan un cierto umbral. En los sistemas biológicos, esa energía sería suministrada por el metabolismo y conllevaría una vibración ordenada y conjunta de la macromolécula. Algunos autores han propuesto que esas tres situaciones se podrían combinar en los microtúbulos de las neuronas, de forma que la física cuántica contribuyera al funcionamiento del cerebro.

La conversión de estímulos físicos y computaciones neuronales en experiencia subjetiva resulta misteriosa. Recibimos estímulos físicos visuales, y al final de ellos se vive la experiencia de una imagen o un recuerdo, con una gran intensidad afectiva. ¿Qué ha convertido unas ondas electromagnéticas en algo profundamente personal y único? ¿De dónde viene la conciencia? Según la neurobiología, la conciencia podría surgir de la acción conjunta de algunas zonas del cerebro dotadas de un grado suficientemente elevado y coherente de conexiones entre neuronas. La coherencia de actuación de todas ellas se produce como resultado de numerosas retroacciones, sin necesidad de efectos cuánticos.

Pero aunque las redes neuronales clásicas procesan eficazmente muchos aspectos de la información, las características conceptuales de la física cuántica —globalidad, indeterminismo, relación profunda entre objeto y sujeto— resuenan tan vecinas a algunas características de la conciencia que no sorprende que algunos investigadores busquen relaciones entre ambas, pese al escepticismo de los neurobiólogos. Las ideas cuánticas sobre el cerebro empezaron hacia los años 1960, con las teorías de Umezawa y de Fröhlich, posteriormente ampliadas y renovadas en ideas de un campo cuántico cerebral propuesto por Pribram o Stapp, en que los procesos mentales son interpretados como colapso de la función de onda global del cerebro. También J.C. Eccles, premio Nobel de Fisiología y Medicina de 1973 por sus investigaciones sobre la transmisión sináptica, sugirió que podría haber una indeterminación cuántica en la emisión de neurotransmisores.

Roger Penrose defiende con énfasis esas ideas, arguyendo la existencia de características no algorítmicas de la mente. En efecto, las redes neuronales clásicas funcionan siguiendo unos algoritmos —es decir, un conjunto de instrucciones— deterministas pero, como demostraron Gödel y Turing, dicho tipo de algoritmos conducen tarde o temprano a situaciones indecidibles. En cambio, no nos detenemos ante esas indecidibilidades y seguimos hacia adelante. Debería haber pues en el cerebro un elemento no algorítmico —no determinado por instrucciones previas— que permitiera, alcanzadas esas situaciones, adoptar una decisión ante el enunciado indecidible. Según Penrose, este elemento no algorítmico sería el colapso objetivo de la función de onda de los microtúbulos de los axones neuronales, que podrían funcionar como autómatas celu-

Figura 10.1. Los microtúbulos son largos tubos microscópicos formados por la agregación en forma espiral de una pequeña molécula, la tubulina. Según algunos autores, podrían presentar efectos cuánticos coherentes que contribuyeran a la computación neuronal.

lares, transmitiendo y procesando información mediante ondas de polarización eléctrica. Los microtúbulos transportan neurotransmisores y pueden promover ramificaciones del axón, por lo cual podrían contribuir a algunas acciones cerebrales. Con la aportación de los microtúbulos se ganaría mucho en potencialidad total de cálculo del cerebro: las 10^{14} operaciones por segundo de la neurobiología clásica podrían alcanzar unas 10^{27} operaciones por segundo.

Se puede creer que la conciencia es una propiedad emergente de las redes neuronales clásicas, o que es algo esencialmente nuevo que requiere elementos cuánticos. La idea de relacionar el colapso cuántico con la conciencia estaría ligada a una hipotética diferencia entre una superposición preconsciente de diversas posibilidades y el carácter relativamente nítido y unívoco de la conciencia. En ese contexto, se supone que aunque la indeterminación y la superposición cuánticas fueran minúsculas y ocasionales, podrían ser amplificadas por una cascada de procesos deterministas. Asimismo, se buscan intersecciones entre los niveles clásico y cuántico, en que un colapso espontáneo de la función de onda colectiva de algunas pequeñas regiones cerebrales produjera efectos posteriormente amplificados. Así, algunos elementos cuánticos contribuirían como generador de diversidad en el disparo de las neuronas o en la plasticidad a corto término. Ahora bien, la libertad exige poder escoger entre diversas posibilidades, conociendo y asumiendo las consecuencias de la elección. Por ello, se aleja tanto de un determinismo estricto como de un azar radical y es un tema sutil, cuyo planteamiento requiere perspectivas suficientemente variadas y ricas que no siempre la ciencia proporciona.

LAS PERPLEJIDADES DE LA FÍSICA CUÁNTICA: LA SORPRESA DEL MUNDO

CINCO IDEAS

1) Partículas y ondas no son los entes físicos más profundos, sino maneras complementarias de manifestarse una realidad más profunda todavía, según el tipo de situación física que se está tratando (principio de complementariedad).

2) No es posible conocer simultáneamente y con precisión arbitrariamente elevada la posición y la cantidad de movimiento (masa por velocidad) de una partícula, o de algunos otros pares de variables (principio de incertidumbre). Por ello, en los sistemas cuánticos solo es posible una descripción estadística, cuya distribución de probabilidad está dada por la función de onda. La forma de la función de onda y su evolución temporal están regidas por la ecuación de Schrödinger.

3) Las condiciones físicas de un sistema especifican el conjunto de valores que se puede obtener al medir sus magnitudes. Sin embargo, el valor concreto que se obtendrá en una medición concreta es aleatorio, impredecible, radicalmente indeterminado (principio de indeterminación). En la física cuántica, el futuro no está predeterminado por el presente, a diferencia del determinismo de la física clásica.

4) Cuando no son observados, los sistemas cuánticos se hallan simultáneamente en todos sus estados compatibles con la situación física considerada (superposición). Al efectuar una medición, se colapsa la función de onda y el sistema pasa a estar en un solo estado —o en un subconjunto de estados compatibles con la medición—. Ello da a la física cuántica una lógica diferente de la habitual, en que son compatibles, por ejemplo, la validez simultánea de dos estados clásicamente incompatibles —por ejemplo, afirmación y negación, A y no A—. Esa lógica, y la capacidad de efectuar simultáneamente muchas operaciones diversas, otorga a la física cuántica una gran potencia computacional.

5) Cuando dos sistemas cuánticos tienen un origen común, sus funciones de onda quedan entrelazadas en una sola función de onda, por mucho que se separen. Eso hace que al observar uno de los sistemas, la observación afecte simultáneamente al otro, por lejos que esté, ya que se produce el colapso de la función de onda entrelazada común, y no tan solo el de la función de onda del sistema medido. La realidad cuántica es global.

11

COMPLEMENTARIEDAD
La dualidad partícula-onda: Bohr

Como reverso de su éxito empírico, su eficacia descriptiva, su potencia innovadora y su dinamismo económico, la física cuántica resulta un auténtico revulsivo intelectual. Rompe con presupuestos básicos de la física clásica, obliga a replantear nuestra capacidad de conocimiento y nuestra relación con la realidad física, nos inquieta con sus paradojas y excede nuestra imaginación. En esta segunda parte, presentamos los aspectos más sorprendentes de la física cuántica.

La física cuántica pone en cuestión la relación entre la realidad y los modelos sensoriales y mentales que nos forjamos de ella. En la física clásica, la realidad física es interpretada en términos de partículas y ondas. Las ondas son entes extensos, que ocupan zonas más o menos amplias del espacio —por ejemplo, de la superficie del mar, en las olas marinas, o de la superficie de la tierra, en las ondas sísmicas—. En cambio, las partículas tienen una naturaleza localizada, como pequeñas bolitas. Dos ondas pueden coexistir en una misma región del espacio, y sus efectos se suman: si en la bañera llena de agua agitamos la mano derecha y la mano izquierda, cada una de ellas produce una onda y ambas se suman. En cambio, en un punto del espacio no puede haber dos partículas a la vez, ya que las partículas se suponen impenetrables. Por ello, el concepto de partícula y el de onda son mutuamente excluyentes en la física clásica.

Ya en los inicios de la física cuántica se produjo una sorpresa: la luz, considerada como onda, tenía también propiedades corpusculares, manifestadas por ejemplo en el efecto fotoeléctrico. Asimismo, los electrones, considerados como partículas, también exhibían propiedades ondulatorias. Desde el punto de vista de la física clásica, eso constituía un grave problema conceptual: las entidades podían ser o bien partículas o bien ondas, pero no ondas y partículas a la vez.

Cuando en 1905 Einstein escribió su artículo relacionado con el efecto fotoeléctrico, el problema conceptual no le pareció especialmente complicado: pensaba que en su esencia más profunda la luz estaba constituida por corpúsculos, pero que, colectivamente, esos corpúsculos se comportan como ondas, descritas por las ecuaciones del electromagnetismo. Algo así ocurre con las ondas del agua, constituidas por moléculas pero descritas colectivamente por las ecuaciones de la hidrodinámica. Por ello, Einstein no tuvo la sensación, inicialmente, de que el carácter corpuscular de la luz supusiera una revolución del electromagnetismo, sino que la interpretó como otro nivel de descripción. El problema surgió en toda su profundidad, sobre todo, cuando se constató, a partir de 1923, con experimentos efectuados con electrones, que los efectos cuánticos no son un efecto estadístico debido a una interacción entre multitud de partículas, sino que se presentan también cuando se estudian partículas una a una. No queda más remedio, pues, que replantear la relación entre nuestros modelos de realidad y la realidad, sea esta lo que sea.

Experimentos de doble rendija; el papel de la interferencia

Antes de poder profundizar en la cuestión, debemos saber cómo se discierne si una entidad física es partícula u onda. Conviene aclarar que en física una onda no es lo que en el lenguaje usual entendemos como una ola. La ola es una elevación y descenso del nivel del agua, seguida —y anticipada— por otras olas sucesivas. En física, la onda es el conjunto total de las olas sucesivas, distribuidas en todo el espacio. Una onda se caracteriza por la longitud de onda, que es la distancia mínima a partir de la cual se repite el fenómeno —o, en términos más limitados pero más concretos, la separación entre las crestas de dos olas sucesivas—, el período, que es el tiempo que transcurre entre el paso de dos crestas sucesivas por un mismo punto, y la amplitud, que es la altura máxima de la ola con respecto al nivel de referencia de equilibrio. El cociente entre la longitud de onda y el período es la velocidad de propagación de la onda.

Un tipo especialmente relevante de experimentos sobre ondas son los experimentos de interferencia, relacionados con la suma de dos o más ondas que ocupan simultáneamente una misma región del espacio. En cada punto de la región considerada, la perturbación total es la suma de las perturbaciones de cada una de las ondas por separado. El experimento más sencillo que distingue partículas de ondas es el de interferencia de dos rendijas paralelas. En dicho experimento, se lanza el sistema físico en cuestión contra una pared en que se han practicado dos rendijas, y se estudia cómo se comporta el sistema una vez ha atravesado las rendijas. Consideraremos primero el experimento realizado con partículas y, después, el realizado con ondas.

Partículas. Imaginemos una caja llena de arena muy fina. Abrimos una rendija en el fondo de la caja y dejamos que la arena vaya cayendo. Observamos que va formando una montaña que tiene su máxima altura en la vertical de la rendija. Las partículas van cayendo sobre la cumbre y desde allí se deslizan a los lados. Imaginemos, ahora, que practicamos una segunda rendija paralela a la anterior, y dejamos que por ella vaya cayendo arena. Observamos que se produce un segundo montículo, cuyo máximo está en la vertical de la segunda rendija. Así, con dos ranuras se observará un relieve con dos máximos, uno debajo de cada rendija y, en medio, un valle o cráter entre ambas cumbres.

Ondas. Supongamos ahora que el experimento se realiza con ondas. Las ondas de agua son las más fácilmente observables. Supongamos que en una pared abrimos una rendija. Llega un frente de ondas, moviéndose perpendicularmente a la pared. Las ondas atraviesan la rendija y producen, más allá de ella, una onda circular que tiene como centro la rendija. Supongamos que abrimos una segunda rendija paralela a la anterior: ahora, pasan dos ondas, una por cada ranura, e interfieren en la región posterior a la pared. En algunos puntos, la interferencia es máximamente constructiva: los máximos de ambas ondas coinciden y se suman. En otros puntos, la interferencia es máximamente destructiva: allí, una onda tiene una cresta y la otra un valle, y al sumarlos se tiene resultado nulo.

En una pantalla paralela a la pared donde hay las rendijas, veremos franjas alternativas de regiones donde la amplitud de la onda total es grande, y de regiones donde la amplitud de la

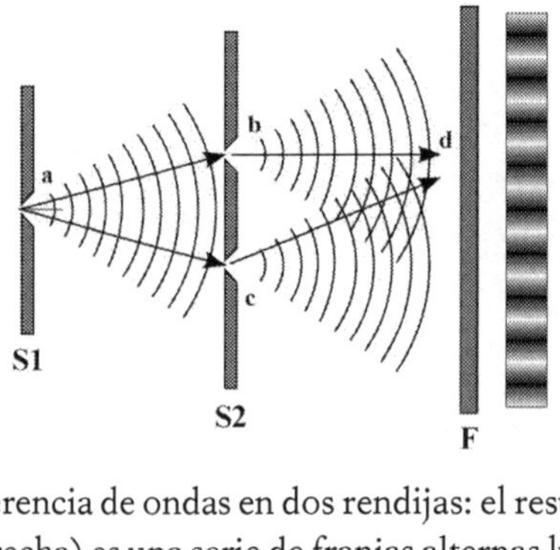

Figura 11.1. Interferencia de ondas en dos rendijas: el resultado en la pantalla (superficie de la derecha) es una serie de franjas alternas luminosas y oscuras.

onda total es nula. En el caso de la luz, ello correspondería a franjas brillantes y franjas oscuras, respectivamente. Esa alternancia de franjas brillantes y oscuras constituye una diferencia evidente con el caso de las partículas, en que había tan solo dos máximos de intensidad. Si nos fijamos en más detalles, observamos que, curiosamente, en la línea media entre las dos rendijas hay un máximo, una franja brillante. Eso es otra diferencia con las partículas, donde la zona central tenía un cráter, y no una cumbre.

Este experimento fue llevado a cabo con la luz en 1800 por Thomas Young, en Londres. Ello condujo a la convicción de que la luz era una onda. Esa onda explicaba de forma natural algunos fenómenos que Newton no había logrado explicar satisfactoriamente con su teoría corpuscular. La teoría matemática relaciona las posiciones donde se producen los máximos y los mínimos de interferencia con la longitud de onda y la separación entre las rendijas, lo cual permite medir la longitud de onda si se conoce la separación entre las rendijas —o viceversa—.

Electrones, fotones, y experimentos de doble rendija

Para explorar, por ejemplo, si los electrones —u otro tipo de partículas— tienen propiedades ondulatorias, un experimento clave consiste en lanzar un haz de electrones contra una doble rendija practicada en un tabique, y disponer, paralela al tabique, una pantalla fosforescente. Cada electrón que choca con la pantalla produce en ella una mancha fosforescente. Si se producen dos franjas intensas en la pantalla, justo delante de las rendijas, deduciremos que los electrones se han comportado como partículas. Si, en cambio, observamos una serie de franjas alternas brillantes —muchos electrones — y oscuras —pocos electrones— deduciremos que los electrones se han comportado como ondas, e incluso podremos medir la longitud de onda correspondiente.

Esos experimentos han sido efectuados en muchas ocasiones, desde los experimentos pioneros realizados —con muchas rendijas, no con tan solo dos— por Davisson y Germer en 1926. La observación pone de manifiesto muchas franjas alternas, es decir, revela un comportamiento ondulatorio, y con la longitud de onda predicha por De Broglie.

Una posibilidad de entender esto podría ser imaginar que la onda es un efecto colectivo de los electrones, como una especie de onda hidrodinámica relacionada con su comportamiento conjunto. Para asegurarnos que realmente se trata de un fenómeno fundamental, debemos realizar el experimento lanzando los electrones uno a uno, dejando transcurrir un intervalo temporal suficiente entre lanzamientos sucesivos. También ese experimento se ha realizado en muchas ocasiones. Se lanzan electrones uno a uno, y para cada electrón se observa una mancha sobre la pantalla fosforescente.

Parece, pues, que el electrón se haya comportado como partícula, ya que deja en la pantalla una mancha bien localizada. La posición de esas manchas parece, al principio, aleatoria, ya que parecen distribuirse por doquier. A medida que vamos lanzando más y más electrones, y vamos anotando la posición donde se produce la mancha de cada uno en la pantalla, vamos advirtiendo que las manchas se agrupan en unas franjas, separadas por franjas con pocas manchas. Tras el lanzamiento de muchos electrones por separado, observamos inequívocamente que las manchas están agrupadas de la manera correspondiente a la figura de interferencia de un comportamiento ondulatorio.

Tenemos, pues, un comportamiento corpuscular tanto en el instante en que el electrón es disparado hacia las rendijas, como en su choque con la pantalla, pero un comportamiento ondulatorio durante la fase no observada de su viaje, que con-

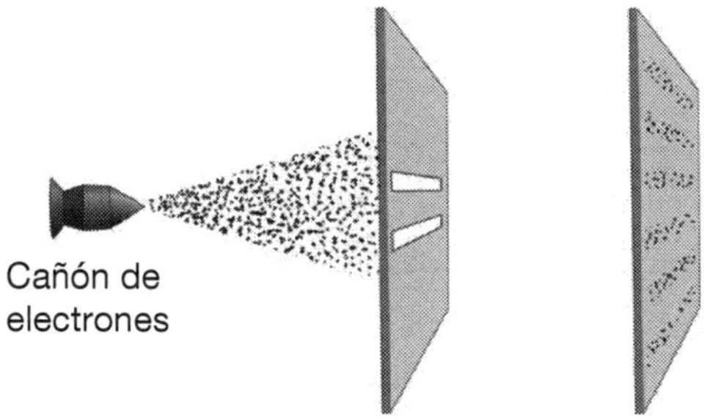

Figura 11.2. Al lanzar electrones contra una doble rendija, las posiciones de los electrones sobre la pantalla se agrupan en franjas alternas con muchos o pocos electrones, respectivamente; esa distribución es típicamente ondulatoria, y no corpuscular.

duce a la distribución espacial de tipo ondulatorio de las colisiones contra la pantalla. ¿Cómo puede haber sido esto? ¿Cómo «nota» el electrón que hay una segunda rendija abierta? ¿Pasa por las dos rendijas a la vez? ¿Interacciona consigo mismo a causa de la presencia de dos rendijas? ¿Se recompone en una sola unidad tras haberse dividido en el paso de las rendijas? La situación es, en verdad, sorprendente. En palabras célebres de Richard Feynman: «Este experimento contiene el único misterio, las peculiaridades esenciales de toda la mecánica cuántica».

La sorpresa va más allá, incluso, de la idea de que las partículas sean entidades más o menos extendidas, que exploren un entorno finito alrededor de su centro: de hecho, como veremos, son entidades deslocalizadas, que exploran un dominio espacial mucho más amplio del que cualquier partícula clásica con un movimiento aleatorio podría explorar. Además, la posición del choque de cada partícula con la pared es, según la física cuántica, impredictible.

La sorpresa se incrementa al saber que esos experimentos han sido realizados no tan solo con electrones, sino también con protones y neutrones —unas mil ochocientas cincuenta veces más pesados—, con átomos pesados, e incluso con moléculas sencillas. En 2002, en el laboratorio de Zeilinger en Viena, el experimento se realizó con fullerenos, moléculas en forma de diminutas pelotas de fútbol formadas por sesenta átomos de carbono, alcanzando así un nuevo hito en la masa y complejidad de las partículas utilizadas. El fullereno es una estructura complicada: ¿es concebible que se divida y vuelva a recomponerse? En la actualidad, se intenta realizar el experimento con virus, entidades mucho más complicadas que un fullereno. Ello resulta interesante en la exploración de los límites de validez de la física cuántica y de su confluencia hacia los resultados de la física clásica para sistemas macroscópicos.

El observador y lo observado

Pero, ¿en qué circunstancias los electrones —o la luz— se comportan como partícula y en qué circunstancias como onda? Ello depende del tipo de experimento realizado. No hay, pues, tan solo dualidad entre partícula y onda, sino también dualidad entre observador y observado. La forma de observación condiciona lo observado.

Para ilustrarlo, supongamos que tenemos alguna manera de determinar por cuál de las dos rendijas han pasado los electrones. Por ejemplo, podríamos poner una pared desde la fuente al punto medio de las dos rendijas, separando dos regiones de forma que los electrones de cada una de ellas pudieran pasar por una rendija y solo una. O bien, podríamos situar una fuente de «luz» —rayos gamma o rayos X— entre las dos rendijas y la pantalla, que nos permitiera saber por cuál de las dos rendijas ha pasado el electrón. Pues bien: cuando se lleva a cabo tal experimento, los electrones se comportan como partículas, es decir, ¡producen sobre la pantalla tan solo dos máximos de intensidad, y no una serie de franjas alternas brillantes y oscuras!. La observación ha cambiado radicalmente la forma de propagación de los electrones. De hecho, no se requiere que un observador realmente verifique por qué rendija ha pasado cada electrón, sino que es suficiente con la presencia de la «fuente de luz», que permitiría «en principio» conocer por qué rendija ha pasado cada electrón.

También se ha realizado el experimento variando la presión en el recipiente en que se mueven los electrones. Hasta ahora, hemos supuesto —implícitamente— que se desplazaban en el vacío. A más presión, sin embargo, más choques experimentarán los electrones con partículas intermedias. Ello se traduce en una difuminación de las franjas, hasta que desaparecen cuando la presión es lo bastante elevada, a causa de una pérdida de coherencia entre las ondas.

Copenhague, 1927: Bohr y el principio de complementariedad

Hacia 1927, la perplejidad conceptual entre los físicos cuánticos sobre esa extraña e incongruente combinación de comportamientos ondulatorios y corpusculares era mayúscula. ¿Cómo es posible que algo sea a la vez partícula y onda? En aquel año, Niels Bohr propuso un nuevo marco conceptual para superar esa aparente contradicción: el llamado principio de complementariedad. Bohr llega a él tras un proceso largo e intelectualmente doloroso, por su conciencia del contraste entre el éxito empírico incontestable de la física cuántica y su inquietante inconsistencia conceptual. De hecho, la motivación concreta de Bohr no es el experimento de la doble rendija al que hemos acudido como ilustración y síntesis, sino la interpretación del átomo. Así como su trabajo de 1912 había puesto énfasis en los aspectos mecánicos, corpusculares, la nueva descripción ondulatoria del átomo a partir de la ecuación de

Schrödinger, que conoce de primera mano durante una visita de Schrödinger a Copenhague en la primavera de 1926, agudiza su inquietud por la relación entre descripción corpuscular y descripción ondulatoria de una misma realidad física. Ello será el estímulo definitivo para su trabajo.

En síntesis, y en términos muy simplificados, Bohr afirma que la descripción corpuscular y la ondulatoria no son contradictorias, ya que ninguna de ellas captura la esencia total de la realidad, sino que son descripciones de los fenómenos complementarios en que dicha realidad se manifiesta. De hecho, en sus presentaciones en la conferencia de Como en septiembre de 1927 y en la quinta conferencia Solvay del mes siguiente en Bruselas, Bohr no habló en esos términos, sino en otros bastante más misteriosos, que hicieron que su contribución no tuviera apenas eco en el público asistente, salvo comentarios elogiosos de Pauli en Como y críticas de Einstein en Bruselas.

Dice Bohr: «La misma naturaleza de la teoría cuántica nos fuerza a considerar la coordinación espacio-temporal y la exigencia de causalidad, la unión de las cuales caracteriza las teorías clásicas, como características complementarias pero exclusivas de la descripción, que simbolizan la idealización de la observación y de la definición, respectivamente». En otros momentos, Bohr asocia la «coordinación espacio-temporal» al concepto de espacio-tiempo, y la «exigencia de causalidad» a la conservación de momento-energía, y lo relaciona con una complementariedad entre posición y velocidad o entre energía y tiempo, magnitudes cuyas incertidumbres respectivas Heisenberg relaciona, en aquella misma época, en discusiones y conversaciones directas y cotidianas con Bohr.

Para captar mejor las sutilezas de la complementariedad es interesante comparar esa propuesta con las doctrinas kantianas y positivistas, con las cuales ha sido relacionada en diversas ocasiones. En la filosofía de Kant se distingue entre el fenómeno, lo que percibimos de la realidad, y el noúmeno, la realidad en sí. Por ello, kantianamente, podemos pensar que no sabemos lo que es la luz en sí, ni la materia en sí; tan solo sabemos cómo se manifiestan, y observamos que a veces lo hacen como onda y a veces como corpúsculo. No debemos pues pensar que la luz es onda o corpúsculo: esas son formas de representación de una realidad más profunda. Sin embargo, Bohr se distancia de esa interpretación por dos motivos: porque le parece excesivamente subjetiva y porque, en la filosofía de Kant, el tiempo, el espacio y la causalidad son formas *a priori* del conocimiento. En cambio, en la relatividad especial y la física cuántica, el espacio, el tiempo y la causalidad son reexaminados y puestos en cuestión.

Otra posible interpretación del principio de complementariedad sería estrictamente positivista: es decir, centrada exclusivamente en la evidencia empírica —que conduce a observar partículas en unos casos y ondas en otros—, con rechazo de consideraciones metafísicas —qué sea realmente la realidad física—. Aunque el positivismo, según el cual la ciencia debe limitarse a hallar correlaciones entre los fenómenos, estaba en boga en aquellos tiempos, Bohr no se acabó de adherir a él, ya que su interés por lo que sea la realidad física tras las representaciones que nos hacemos de ella nunca le abandonó, aunque poco a poco fuera abandonando la idea de una descripción detallada de la realidad en términos sensibles.

Esas discusiones sobre la relación entre las observaciones y la realidad, ¿suponen que no existe realidad alguna? ¿Que no existe una realidad objetiva? ¿Que existe pero no puede ser conocida? ¿Se refería Bohr a que se debían utilizar como complementarias las descripciones de onda y de partícula, y que era imposible imaginar otras formas de representar la realidad? Al incluir el sujeto en la descripción, ¿es Bohr un subjetivista? ¿Cree que la voluntad del observador hará que el sistema se manifieste como onda, y la voluntad de otro observador del mismo experimento hará que se presente como partícula?

¿Supone una interacción de lo mental del observador sobre lo físico de la realidad externa? No es así, y Bohr insistió en el carácter objetivo de la complementariedad: no es el sujeto el que impone mentalmente su opinión a la realidad, sino el que determina las condiciones experimentales concretas, dadas las cuales cualquier sujeto observa una onda o, dadas otras condiciones experimentales, cualquier sujeto observa una partícula.

La multitud de preguntas sobre el principio de complementariedad indica su complejidad interpretativa, no solo en referencia a la física, sino también a la filosofía. Más peligrosa fue, sin embargo, la discusión sobre si el principio de complementariedad era «idealismo burgués» o si era compatible con el «materialismo dialéctico», discusión que costó la cárcel y la muerte a un cierto número de físicos en la Unión Soviética durante los años 1940. El principio de complementariedad se convirtió en uno de los conceptos clave de la llamada «interpretación de Copenhague» de la física cuántica, que exploraremos con más detalle en los capítulos siguientes. De hecho, Bohr pensó en la complementariedad no solo como una manera de sortear las contradicciones que parecía presentar la física cuántica, sino como algo más general, también aplicable a otros campos de la ciencia como, por ejemplo, a una complementariedad entre energía interna y temperatura en termodinámica.

12

INDETERMINISMO
El principio de incertidumbre de Heisenberg

La física clásica es determinista: si se conocen las posiciones y velocidades de un conjunto de partículas en un instante dado, y las fuerzas que actúan sobre cada una de ellas en función de su posición y velocidad, las ecuaciones de Newton del movimiento determinan las posiciones y velocidades de las partículas en cualquier instante posterior y anterior. Lo mismo ocurre con los campos electromagnéticos y las ecuaciones de Maxwell del electromagnetismo.

Si estamos compuestos por partículas regidas por tales ecuaciones, ello implica que estamos determinados, es decir, que no somos libres. Ello no supone que no podamos tener la sensación —ilusoria— de libertad, porque nuestro cerebro es un sistema físico tan complicado que no podemos resolver las ecuaciones que lo describen y predecir mediante ellas lo que vamos a hacer. Por ello, aunque estuviéramos realmente determinados, no nos sentiríamos agobiados por esa determinación, ya que no lo podríamos demostrar con certeza. En la filosofía de la naturaleza de los siglos XVIII y XIX, las discusiones sobre libertad y determinismo fueron muy intensas.

Los grandes progresos en mecánica teórica en dichos siglos representaron la confirmación y triunfo de las teorías newtonianas, especialmente en el ámbito de la astronomía. Pierre Simon de Laplace, el gran matemático francés autor de la *Mécanique celeste*, sucesor ilustre de los *Philosophiae Natu-*

ralis Principia Mathematica de Newton, representa el punto culminante de esos progresos científicos y de la convicción determinista que se seguía de ellos. Laplace afirma que si hubiera un espíritu tan rápido y sutil que pudiera conocer las posiciones y velocidades de todas las partículas del universo en un instante, y realizar con suficiente rapidez los cálculos de las ecuaciones newtonianas, tendría ante sí todo el pasado y todo el futuro del universo. La idea no resultaba nueva en teología, ya que los teólogos habían reflexionado mucho sobre la compatibilidad entre un Dios omnisciente —que conoce todo el pasado, presente y futuro— y la libertad humana, cosa que condujo a intensas discusiones sobre la predestinación de las almas a una salvación o condenación eternas.

En respuesta al determinismo mecanicista, un número considerable de artistas, escritores y pensadores, especialmente durante el Romanticismo, opusieron la vida, la pasión, la emoción y la belleza a un mecanicismo y materialismo que ellos juzgaban dogmáticos, grises y parciales, un intento de encadenar, reducir y dominar utilitariamente la realidad.

Incertidumbre de posición y velocidad

La idea de que la física cuántica rompe el determinismo supone una ruptura conceptual crucial con la física clásica. La idea surge, inicialmente, como una incertidumbre relacionada con el hecho de que las partículas tengan asociada una onda. En el capítulo 2 hemos visto que esa asociación comporta la cuantización de los valores posibles de la energía, como consecuencia de que las longitudes de onda de vibración de una cuerda fijada por sus extremos solo pueden tener unos valores discretos.

Otro resultado bien conocido de la teoría ondulatoria es el fenómeno de la difracción. Cuando una onda de longitud de

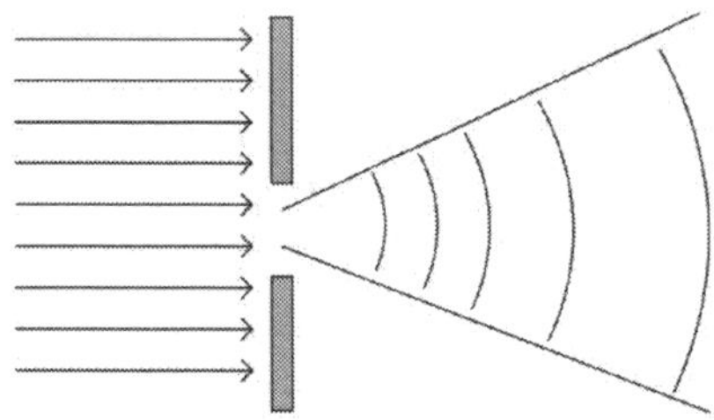

Figura 12.1. Difracción de una onda al pasar por una rendija; cuanto más estrecha es la rendija, más se abre la onda al atravesarla. Al aplicar esa idea a las ondas que acompañan las partículas de materia, se obtiene que cuanto menor es la incertidumbre en su posición (más estrecha la rendija) mayor es la incertidumbre en su velocidad (más diverso puede ser el ángulo de salida).

onda dada —acústica, luminosa, de agua— atraviesa una rendija, la onda tras la rendija se abre un cierto ángulo, cuyo seno es proporcional al cociente entre la longitud de onda y el ancho de la rendija. Si la rendija es mucho más ancha que la longitud de onda, la onda sigue en la misma dirección que tenía inicialmente, sin ensancharse. En cambio, si la longitud de onda es mayor que el grosor de la rendija, la onda se esparce en todas las direcciones de salida.

En 1925, Werner Heisenberg, un joven estudiante postdoctoral alemán de Gottinga, donde había trabajado con Max Born, y que jugó un papel de primer orden en el desarrollo de la física cuántica, pasa un tiempo en el instituto de Niels Bohr en Copenhague. Durante esa estancia elabora su propia e innovadora versión de la física cuántica, la llamada mecánica de matrices, que intenta evitar el uso de cualquier elemento no observable de la estructura del átomo.

Pero también se pregunta por las consecuencias de la difracción sobre la onda asociada a las partículas. Reescribiendo el resultado clásico de la teoría de la difracción en términos de la relación de De Broglie entre longitud de onda y cantidad de movimiento, llega a la conclusión de que la incertidumbre en la posición de una partícula, multiplicada por la incertidumbre

Figura 12.2. Werner Heisenberg, en la época en que propuso el principio de incertidumbre.

en su velocidad y por su masa, no se puede reducir arbitrariamente, sino que tiene una cota mínima universal dada por la constante de Planck. En otras palabras, no es posible conocer con precisión arbitrariamente elevada los valores simultáneos de la posición y la velocidad, ya que cuanto más reducimos la incertidumbre en la posición más aumenta la incertidumbre en la velocidad y viceversa. En la vida cotidiana, eso no tiene relevancia, ya que como las masas de los sistemas normales son muy grandes a escala atómica, el producto de incertidumbres mencionado se hace prácticamente nulo, pero a escala atómica eso resulta decisivo.

Interpretación epistemológica

El principio de incertidumbre puede ser interpretado epistemológicamente, es decir, en relación con nuestro conocimiento de la realidad, u ontológicamente, en relación con la esencia de la realidad física. En la primera interpretación, se supone que las partículas —un electrón, por ejemplo— tienen en cada instante una posición y una velocidad bien definidas, pero que la perturbación debida a la medida impide conocer simultáneamente sus valores precisos. Efectivamente, a diferencia de la teoría clásica, en la cual la perturbación producida por la medición puede ser reducida tanto como se quiera, la teoría cuántica fija un límite inferior a dicha perturbación, ya que la energía está cuantizada y no puede ser arbitrariamente pequeña. Por ello, observar la posición modifica el valor de la velocidad, y observar la velocidad modifica el valor de la posición de manera impredecible, e impide conocer simultáneamente ambas magnitudes.

En concreto, si se quiere medir la posición con una incertidumbre igual o menor que ⊠x, se debe utilizar una radiación de longitud de onda del orden de ⊠x para observarla; pero según la física cuántica, cuanto menor sea ⊠x mayor será la energía de los cuantos y tanto más afectará la velocidad de la partícula al golpearla. Un argumento parecido puede ser aplicado a la medición de la velocidad.

Una consecuencia de ello es que las partículas no pueden ser distinguidas individualmente las unas de las otras: un protón no puede ser distinguido de otro protón ni un electrón de otro electrón, ya que, cuando se acercan suficientemente, o cuando chocan entre sí, nos falta información para distinguir cuál de las dos partículas salientes del choque corresponde a cada una de las partículas antes de chocar. En ese sentido, el indeterminismo borra la identidad.

Otra consecuencia de la perturbación en las mediciones es que los resultados estadísticos de medir primero la posición y después la velocidad difieren de los obtenidos al medir primero la velocidad y después la posición. Esa ruptura de la propiedad conmutativa de la medida, y sus características universales en términos de la constante de Planck, fue utilizada por P. A. M. Dirac, en Cambridge, en 1926, como base de su formulación de la física cuántica, inspirada en ciertas analogías con resultados sofisticados de la mecánica analítica clásica, y que es excesivamente complicada para este libro.

Interpretación ontológica

La interpretación anterior no refleja suficientemente la naturaleza de la realidad. Por ejemplo, no podemos suponer que cuando una partícula no es observada se comporta necesariamente como partícula. En el capítulo anterior hemos visto que en el experimento de la doble rendija la partícula pasa por las dos rendijas e interfiere consigo misma, si no es observada. En cambio, si se observa por qué rendija atraviesa, deja de manifestar el carácter ondulatorio y se comporta como partícula.

Por ello, suponer que la realidad es tal como la conocemos habitualmente —partículas con posición y velocidad bien definidas— pero que no podemos medir con precisión a causa de la perturbación producida por la medida no hace justicia a la complejidad del tema. Trataremos ese aspecto en el capítulo siguiente, donde se puede llevar a cabo desde una perspectiva más adecuada.

En una interpretación ontológica, más elaborada que la puramente epistemológica, la indeterminación cuántica conduce a una nueva visión de la realidad, en la cual las partículas elementales no tienen posición ni velocidad hasta que no son medidas su posición o su velocidad. Así, el proceso de medición es mucho más radical que en la interpretación anterior: no es que la medición perturbe la posición que anteriormente a ella tenía la partícula, sino que le otorga tener el atributo posición.

El principio de incertidumbre de Heisenberg también se relaciona con la dualidad corpúsculo-onda. En efecto, una partícula se puede representar como una suma de ondas. Cuanto más localizada está la partícula, más amplio debe ser el conjunto de longitudes de onda de las ondas utilizadas para representar la partícula. Como según De Broglie las longitudes de onda están relacionadas con la velocidad de la partícula, más diversidad de longitudes de onda supone más incertidumbre en la velocidad.

De la incertidumbre al indeterminismo

El principio de incertidumbre de Heisenberg implica que el determinismo newtoniano, que requiere el conocimiento preciso de la velocidad y la posición iniciales de las partículas para poder determinar su posición y velocidad futuras, ya no es válido. Esta constatación rompía con dos siglos y medio de física clásica triunfante. Según algunos historiadores de los aspectos sociológicos de la ciencia, en la época en que fue formulado ese principio la idea de indeterminismo era recibida con cierta simpatía en Alemania, que había sido la gran derrotada en la primera guerra mundial, y que se negaba a aceptar su condición de vencida y las duras consecuencias económicas y sociales que ello acarreaba. Hasta qué punto el entorno social influye en la ciencia pura es una cuestión debatida, de considerable interés extracientífico, aunque no es esencial en nuestra presentación.

Como el concepto mismo de trayectoria resulta problemático en la física cuántica, resulta más ilustrativo referirnos a ejemplos más específicos y típicos del indeterminismo cuántico: la desexcitación de un átomo o la desintegración de un núcleo radiactivo. Imaginemos que el electrón de un átomo ha saltado desde un nivel inicial a un nivel de más energía. Se plantea la cuestión de en qué instante caerá de nuevo al nivel fundamental, emitiendo el fotón correspondiente. Según la física cuántica, no es posible predecir en qué instante se producirá ese salto. Es más: no es que la teoría no pueda realizar esa predicción porque es una teoría incompleta, sino porque el salto es radicalmente indeterminado, un salto sin causa.

Con el indeterminismo, el concepto de causalidad debe ser reformulado. Ya no hay vinculación directa entre causa y efecto. Ello no significa que la causalidad pierda todo su sentido: lo pierde en cuanto a causalidad eficiente, no en cuanto a causalidad material —si no hubiera el átomo excitado no habria desexcitación posible— ni a causalidad formal —si no hubiera ley física, el electrón no tendría por qué caer hacia niveles más bajos con mayor probabilidad de la de subir hacia niveles más altos—.

Reacciones contra el indeterminismo

Einstein y otros investigadores se opusieron a ese indeterminismo radical. Aceptaban que la física cuántica de su época no podía responder a esas cuestiones, pero lo atribuían a que no era todavía una teoría completa. Le faltaban, según ellos, algunas variables internas cuyo conocimiento permitiría determinar —en principio— el instante preciso de la desexcitación o la desintegración. Se debía discutir, pues, si la teoría cuántica era completa o no. Para Einstein, el día que se tuviera una teoría cuántica completa, esta sería determinista. Sin embargo, John von Neumann, en su libro de 1932 sobre los fundamentos matemáticos de la teoría cuántica, consiguió demostrar que si se añade a la física cuántica alguna variable interna local, sus predicciones dejarían de concordar con los resultados experimentales, de modo que el recurso de acudir a hipotéticas variables internas locales para salvar el determinismo no era admisible.

Indeterminismo y libertad

El indeterminismo cuántico rompe la visión del tiempo como el despliegue ineluctable de una realidad ya contenida en las condiciones iniciales del sistema. No resuelve el problema de la libertad, ya que el indeterminismo cuántico es irreductiblemente aleatorio, pero abre rendijas a su posibilidad. La libertad no puede ser identificada ni con un sometimiento total a un determinismo cerrado, ni con un sometimiento a la arbitrariedad instantánea del azar, sin proyecto ni memoria. La libertad supone intención y responsabilidad, que no tendrían sentido sin un cierto grado de determinismo, que permite prever con cierta plausibilidad las consecuencias de nuestras acciones, así como planear las acciones necesarias para alcanzar los objetivos.

Resulta interesante recordar que un problema análogo, en referencia a la oposición entre determinismo mecanicista y libertad, fue considerado por Epicuro, pensador griego del siglo III a.C. Él reconoció que el atomismo propuesto un siglo antes por Demócrito resultaba determinista —aunque en aquella época se distara mucho de conocer las ecuaciones de movimiento de los corpúsculos— y era incompatible con la libertad. Para romper ese determinismo, postuló que algunas partículas, en algún momento, en lugar de seguir una trayectoria rectilínea entre choques sucesivos, se desviaban al azar, fenómeno denominado «clinamen» —que fue, incidentalmente, el tema de la tesis doctoral de Karl Marx, muchos siglos después—. Con ello, se quebraba la cadena determinista y quedaba sitio para la libertad. Hay, pues, cierta analogía conceptual entre la física cuántica y esa propuesta, aunque hubiera sido formulada desde postulados puramente especulativos sin base empírica.

Incertidumbre tiempo-energía

El principio de Heisenberg no solo establece un límite a la precisión con que se puede medir simultáneamente la posición y la cantidad de movimiento, sino también limita la de otros pares de variables estrechamente relacionadas entre sí en la propia física clásica, como el ángulo y el momento angular, en el caso de rotaciones moleculares, o como el tiempo y la energía.

Por ejemplo, cuanto mayor sea la precisión con que están medidas la energía inicial y final de un salto, menor será la precisión con que se podrá medir el instante en que se produce el salto. Esas relaciones de incertidumbre también tienen consecuencias sorprendentes en la estructura del vacío cuántico, como veremos en el capítulo 17.

Un ejemplo de las consecuencias de la relación de incertidumbre relacionada con tiempo y energía es el efecto túnel. Ese efecto consiste en que en la física cuántica una partícula puede atravesar barreras de energía que clásicamente le cerrarían totalmente el paso. Sin embargo, en el caso cuántico hay una cierta probabilidad de que la partícula atraviese la barrera, si el tiempo necesario para atravesarla es menor que la constante de Planck dividida por la energía que necesitaría la partícula para saltar por encima de la barrera. Como consecuencia, si la barrera es alta, solo podrá ser atravesada si es estrecha. El efecto túnel es importante en muchos procesos de reacciones químicas, para atravesar la barrera energética requerida para la formación de algunos compuestos intermedios muy efímeros pero que limitan la velocidad de reacción —el efecto túnel de la física cuántica puede llegar a permitir velocidades diez mil veces superiores, o más, que las predichas por la física clásica— y en la desintegración alfa de núcleos radiactivos, en que dichas partículas atraviesan la barrera de la atracción nuclear fuerte para escapar del núcleo.

13

SUPERPOSICIÓN
Completitud cuántica y el gato de Schrödinger

En el capítulo anterior hemos hablado de indeterminismo, un aspecto muy relevante de la física cuántica. El indeterminismo implica que la descripción física de un sistema cuántico solo pueda ser probabilista. Como las variables clásicas —posición, velocidad— no pueden ser conocidas con precisión arbitraria, ya no es posible describir un conjunto de partículas mediante sus posiciones y velocidades precisas, sino estadísticamente. La descripción cuántica de esas probabilidades es la llamada función de onda.

Pese a la importancia del indeterminismo, buena parte de la teoría cuántica es determinista. La ecuación de Schrödinger, que juega un papel central en la física cuántica, ya que describe la forma y evolución de la función de onda, es tan determinista y reversible como puedan serlo las leyes de Newton. La ecuación de Schrödinger describe la evolución del sistema mientras no es observado. El indeterminismo cuántico se concentra en el proceso de medición, en la observación, en el llamado colapso de la función de onda, que es intrínsecamente aleatorio e irreversible. Por ello, el indeterminismo cuántico es mucho más general que los ejemplos de desexcitaciones y desintegraciones mencionados en el capítulo anterior, y abarca cualquier observación efectuada sobre el sistema. La naturaleza física del sistema especifica qué conjunto de valores de una magnitud es posible obtener al efectuar una medición, pero no qué valor concreto se va a obtener en una medición concreta.

Incidentalmente, la ecuación de Schrödinger nos hace reflexionar sobre qué es una ley de la naturaleza. Clásicamente, pensamos que una ley de la naturaleza no tiene excepción alguna, de modo que rige siempre el sistema. En cambio, la ecuación de Schrödinger tiene un conjunto de excepciones de medida cero —pero infinito—: aquellos instantes puntuales en que se realiza la observación y se colapsa la función de onda, fenómeno no descrito por la propia ecuación de Schrödinger.

Interpretación estadística de la función de onda

La mecánica cuántica fue propuesta como teoría general y en forma sistemática en 1926, por Heisenberg, Schrödinger y Dirac, independientemente. En la versión de Schrödinger, la más utilizada, los sistemas cuánticos están descritos por una función de onda que generaliza la onda que, según De Broglie, está asociada a las partículas en movimiento. En 1926, Schrödinger consiguió describir el átomo de hidrógeno en términos de la función de onda del electrón, recuperando de forma muy elegante y general los resultados anteriores —más artesanales, intuitivos e inconexos— sobre los números cuánticos y las energías de las órbitas, vistas ahora como nubes difuminadas más que como líneas precisas.

Pero, ¿qué significa físicamente la función de onda? ¿Es una entidad física que guía la partícula —una «onda piloto»—? Pero esa idea, propuesta por De Broglie en 1924, cayó en desuso, hasta ser recuperada por Bohm treinta años después, desde una perspectiva más general. En 1927, Max Born, en Gotinga, propuso que la función de onda estaba relacionada con la probabilidad de encontrar el sistema en un cierto estado. Por dicha propuesta, recibió el premio Nobel de Física de 1954. En concreto, según Born, el cuadrado de la función de onda —de hecho, el cuadrado de su módulo, ya que es una función de números complejos— da la probabilidad de que, al efectuar una medición, se obtenga un valor concreto dentro del conjunto de los valores posibles.

En principio, una visión probabilista no resulta especialmente intrigante: en muchas situaciones físicas, químicas, biológicas y sociológicas, cuando hay muchas partículas, es lógico que no podamos especificar las posiciones y velocidades de todas ellas. Ello exigiría demasiadas medidas y conllevaría demasiada información. Por lo tanto, se recurre a descripciones estadísticas, basadas en valores medios y en fluctuaciones alrededor de dichos valores medios. Pero en esos casos, el uso de la probabilidad simplemente expresa que desconocemos diversos aspectos del sistema. Por ello, si en la física cuántica el carácter estadístico fuera debido al desconocimiento de ciertas variables ocultas, no sería sorprendente.

¿Es la física cuántica una teoría completa?

La profundidad del problema radica en que la física cuántica pretende ser una descripción completa de la realidad. Einstein estaba dispuesto a aceptar la física cuántica como una descripción provisional e incompleta de la realidad, que algún día sería mejorada con el descubrimiento de ciertas variables internas, que harían de la cuántica una teoría determinista, que no necesitaría recurrir a descripciones probabilistas. En cambio, Niels Bohr defendía la interpretación probabilista e iba elaborando sus consecuencias filosóficas —por ello, la visión probabilista de la física cuántica se acostumbra a denominar, en honor suyo, interpretación de Copenhague—.

Pero la idea de la completitud de la física cuántica conduce a grandes sorpresas. Una de ellas se refiere a la relación entre la solución de la ecuación de Schrödinger y la realidad. La estructura matemática de la ecuación de Schrödinger conlleva que su solución general es una suma de soluciones particulares correspondientes a unos estados «propios» del sistema, a cada uno de los cuales corresponde un valor de una cierta magnitud física —la energía, la imantación...—. Cada una de dichas soluciones particulares viene multiplicada por una función numérica cuyo cuadrado está relacionado con la probabilidad de hallar el valor correspondiente de la magnitud al efectuar la medición.

Podríamos pensar que dicha probabilidad se entiende en sentido habitual, es decir, que el sistema está en un estado concreto, y no en los otros, con una cierta probabilidad. Pero esa interpretación supondría que la física cuántica no es una teoría completa, ya que el sistema estaría realmente en un estado y no en los otros, mientras que, en cambio, la ecuación de onda sería diferente de cero para todos ellos. La completitud de la física cuántica implica que el sistema debe estar simultáneamente en todos los estados posibles, en lugar de estar sucesivamente en cada uno de ellos. Así pues, según esa interpretación de la mecánica cuántica, el sistema, antes de ser sometido a medición, está en una superposición simultánea de todos los estados posibles, y solo en el momento de efectuar la medición pasa a estar en un estado concreto.

Aplicada esa idea a una partícula cuya posición no hemos observado, significaría que la partícula está simultáneamente en todas las posiciones posibles, en lugar de estar en una posición concreta. A escala microscópica, esa situación se presenta, por ejemplo, cuando se lanza un electrón contra una doble rendija y no se observa por qué rendija pasa. La distribución de muchos electrones después de haber atravesado las rendijas manifiesta, como hemos dicho, unas interferencias de tipo ondulatorio que tan solo pueden ser comprendidas si se piensa que cada electrón ha pasado simultáneamente por ambas rendijas, y no solo por una de ellas, como lo haría una partícula en la interpretación clásica. Es en el instante de efectuar la medición cuando el sistema pasa —de forma aleatoria, impredecible— a un estado concreto. La teoría cuántica, pues, no predice qué resultado concreto se obtendrá en una medición, sino qué conjunto de valores puede tener el resultado, con qué probabilidad se puede presentar cada uno de ellos, y cuál será su valor medio.

Superposición de estados y colapso de la función de onda

El fenómeno del colapso de la función de onda —es decir, el paso del sistema desde una superposición simultánea de todos los estados posibles a un solo estado al efectuar la medición— es la parte conceptual más conflictiva de la mecánica cuántica, y no es descrito por la ecuación de Schrödinger.

Pero, ¿qué característica del acto de medición produce el colapso de la función de onda? Si al fin y al cabo el instrumento de medida también es un sistema cuántico, ¿por qué se colapsa la función de onda, en lugar de seguir estando, el sistema observado más el instrumento de medida, en una superposición de todos sus estados? Algunos autores lo atribuyen al carácter macroscópico de los instrumentos, de manera que algo nuevo ocurriría al pasar del mundo microscópico al macroscópico; otros lo han atribuido a la intervención de la conciencia del observador, que concluiría la cadena de superposiciones físicas del sistema y los aparatos de medida.

En realidad, en algunas interpretaciones se supone, incluso, que no hay colapso de la función de onda, como en la interpretación de los mundos múltiples propuesta por Everett en 1957. En esa interpretación, nosotros estamos en una de las ramas o estados de la solución de la ecuación de Schrödinger, pero al efectuar la medida las otras ramas no desaparecen, sino que corresponden a mundos diferentes al nuestro. En otras palabras, las otras soluciones no desaparecen en ningún colapso, sino siguen en otros mundos que no tienen nada que ver con el nuestro. Cada medición bifurca el universo.

Otra teoría en que no se produce colapso es la de David Bohm, propuesta en 1951. Bohm desglosa la ecuación de onda compleja en su módulo —longitud— y su argumento —ángulo—; al escribir la ecuación de Schrödinger para esas dos partes, identifica la fase como un potencial que guía de forma determinista a las partículas, a lo largo de trayectorias bien definidas, que pueden bifurcarse —en el espacio real— y guiar a las partículas a los diversos detectores. En su teoría, los elementos de incertidumbre radican en las condiciones iniciales de las trayectorias.

El gato de Schrödinger: ¿vivo y muerto a la vez?

Einstein y Schrödinger se negaron a aceptar el indeterminismo cuántico como descripción definitiva de la naturaleza, e intentaron poner de manifiesto, cada uno por su lado y mediante situaciones y ejemplos ingeniosos y llamativos, la supuesta incompletitud de la física cuántica. Para hacer comprender al público la extrañeza de las afirmaciones cuánticas, Schrödinger popularizó en 1935 la metáfora del gato de Schrödinger en un artículo sobre «la situación actual de la mecánica cuántica» en la revista *Naturwissenschaften*.

Tal gato estaría encerrado en una caja de paredes completamente opacas, en contacto con un artefacto destructivo —una botella de veneno, o un pequeño explosivo, por ejemplo— que sería activado por la desexcitación de un átomo o la desintegración de un núcleo atómico. Como hemos dicho en el capítulo anterior, esos fenómenos son esencialmente indeterministas, y no podemos predecir en qué instante tendrán lugar. Según la física cuántica, el átomo, mientras no sea observado, se hallará en una superposición excitado/desexcitado. Átomo excitado significa que el mecanismo destructivo no se ha disparado y que el gato está vivo; átomo desexcitado significa que el mecanismo se ha disparado y que el gato está muerto. Así pues, la superposición cuántica de estados atómicos implicaría la superposición de estados gato vivo/gato muerto, es decir, que el gato estaría a la vez vivo y muerto hasta que no fuera observado. Con esa metáfora, Schrödinger quería hacer comprender al público el carácter radicalmente sorprendente —y, para él, absurdo— de las afirmaciones de la mecánica cuántica.

El carácter paradójico de esa situación estriba en el hecho de que, en lugar de estar vivo hasta que muere, que es tal como nosotros imaginamos lo que ocurre, el gato estaría simultáneamente vivo y muerto hasta que la observación lo hiciera pasar a estar tan solo vivo o muerto. Eso no concuerda con nuestra experiencia habitual, y nos resulta inverosímil.

El amigo de Wigner: ¿juega la conciencia algún papel?

De hecho, la sorpresa ilustrada por el ejemplo del gato de Schrödinger se puede ampliar al observador que contempla el gato al abrir la caja, tal como lo hizo notar Eugene Wigner (premio Nobel de Física de 1963 por sus trabajos sobre física nuclear), en una situación que, en recuerdo suyo, se denomina «el amigo de Wigner». Imaginemos que el espectador y la caja se hallan en una habitación cerrada. Para un observador exterior, el observador interior será una superposición simultánea del observador que ha encontrado el gato muerto y el que lo ha encontrado vivo, hasta que el observador interior comunique el resultado de su observación. En tal caso, pasará a ser tan solo el observador del gato vivo o el observador del gato muerto, y dejará de ser una superposición de dos observadores.

Esa situación se podría ampliar de manera recurrente a otros observadores cada vez más externos, hasta llegar, incluso, al conjunto del universo, considerado por un hipotético observador exterior a él. Así pues, si nosotros somos el observador interior, para el espectador exterior seríamos una superposición de dos observadores. Wigner sugirió que lo que produce el colapso de la función de onda es la conciencia del primer observador, para evitar esa serie recurrente de superposiciones. O bien, en el extremo opuesto, lindante con lo teológico, se podría pensar que la serie recurrente de superposiciones sigue hasta colapsarse en la conciencia de Dios, interpretado como una conciencia cósmica.

¿Por qué el gato está vivo o muerto, y no vivo y muerto?

¿Por qué no vemos ese tipo de efectos cuánticos en la vida corriente? Algunos autores afirman que ello se debe a que en los objetos macroscópicos se produce decoherencia de la función de onda, es decir, la onda deja de ser una superposición de ondas elementales con fases bien definidas y pasaría a una onda promedio. En efecto, en el caso de la luz en el experimento de las dos rendijas, se observan efectos de interferencia si las ondas son coherentes, es decir, si la diferencia de fases entre la onda que pasa por una rendija y la que pasa por la otra se mantiene constante en el tiempo. Si no es así, los máximos y mínimos de interferencia desaparecen, y el resultado final se asemeja al conseguido con partículas. Así, habría un cierto efecto de tamaño, que separaría lo microscópico y lo macroscópico, en que la cuántica pasaría a confluir con la física clásica.

Otros autores afirman que no es así: que si el sistema estuviera perfectamente aislado de las perturbaciones exteriores, sería siempre cuántico. No observaríamos efectos cuánticos a nuestra escala por una cuestión de sensibilidad. Desde 1990 se realizan experimentos tratando de comprender cómo se produce la decoherencia, que rompe la superposición de estados y hace que el gato no esté a la vez vivo y muerto. Una de las realizaciones de un «gato» macroscópico artificial se realizó por primera vez en la École Normale Supérieure de París en 1996, y desde entonces ha sido más y más elaborada. Se introducen microondas en una cavidad de paredes muy poco absorbentes, en que un fotón puede rebotar miles de millones de veces sin ser absorbido. Se introduce en esta cavidad un átomo en una superposición cuántica de dos estados, cada uno de los cuales produce diferencias de fase con el campo iguales pero de signos opuestos: en términos descriptivos simples, una situación tipo tic-tac-tic-tac-... y la otra tipo tac-tic-tac-tic-... Al cabo de un tiempo corto, se introduce en la cavidad otro átomo análogo, y se estudia experimentalmente la correlación entre ellos. Se observa la decoherencia de su función de onda y que el tiempo que tarda en darse la decoherencia es inversamente proporcional al número de fotones en la cavidad. Para una cantidad de unos diez millones de fotones —valor pequeño en comparación con los del ambiente— el tiempo que tarda en producirse la decoherencia es del orden de unas diez billonésimas de segundo. El gato, formado por muchas más partículas, no está, pues, en una superposición.

14

ENTRELAZAMIENTO
Las desigualdades de Bell y el enigma del espacio

Las consecuencias de la superposición cuántica, examinadas en el capítulo anterior, resultan tan inverosímiles para el sentido común que muchos científicos, como Einstein y Schrödinger, se opusieron a la idea de que la física cuántica sea una descripción completa de la realidad. En efecto, como consecuencia de la superposición cuántica, una partícula, mientras no es observada, se halla en una superposición de posiciones y de velocidades; por lo tanto, si la superposición refleja la realidad, debemos decir que la partícula se halla a la vez en todas las posiciones y con todas las velocidades y no pasa a tener una posición concreta o una velocidad concreta hasta que no medimos su posición o su velocidad, respectivamente. En particular, si no medimos posición ni velocidad, un electrón no tendría ni posición ni velocidad: sería una nube más o menos virtual que ocuparía todo el espacio, y que se contraería a un solo punto al ser medida su posición.

Según eso, podemos decir que no hay una realidad exterior independiente del observador, sino que los atributos de la realidad —posición, velocidad, en ese caso— dependen de la observación. En otras palabras, no hay una partícula con una posición y una velocidad definidas independientes del observador, sino que no adquiere posición o velocidad hasta que esas magnitudes son observadas.

Podría parecer que esta afirmación se halle más allá de

cualquier posible indagación experimental, pero ha podido ser planteada en términos precisos y susceptibles de medida. Ello añade una perspectiva nueva respecto de la superposición: consideramos ahora dos partículas correlacionadas, arbitrariamente separadas pero emitidas por una misma fuente; eso hará intervenir nuevas sutilezas, relacionadas con el espacio que separa las partículas, y pondrá de relieve la no localidad de la física cuántica.

El colapso de la función de onda y la sorpresa del espacio

Antes de entrar propiamente en el tema del entrelazamiento, volvemos a examinar brevemente el colapso de la función de onda de una sola partícula para poner de relieve la sorpresa a que nos conduce con respecto al espacio. Dijimos que, en el momento de observar la posición, la partícula pasa a estar en una posición concreta, en tanto que antes de la observación estaba en todos los puntos a la vez. Pero si la partícula pasa a estar en un punto concreto y deja de estar en puntos lejanos, el colapso de la función de onda es instantáneo. Eso nos indica que el colapso de la función de onda tiene aspectos sorprendentes que parecen, de entrada, incompatibles con la relatividad especial, según la cual nada puede ir a velocidad mayor que la de la luz.

Podemos reforzar esa idea con un ejemplo más concreto: supongamos que un electrón está en una caja, y que dividimos la caja en dos partes iguales mediante un tabique intermedio, sin observar la partícula. A continuación, llevamos una de las dos cajas a un lugar muy distante —la superficie de Marte, por ejemplo— y dejamos la otra con nosotros. Al abrir nuestra caja, la partícula estará o no estará en ella. Pero, ¿qué ha ocurrido mientras no la observábamos? Clásicamente, al dividir la caja en dos la partícula ha quedado en uno de los lados y no en el otro. Pero según la física cuántica, la partícula está en ambas cajas a la vez, aunque dichas cajas se alejen mucho entre sí. En el momento de la observación, la partícula desaparece de la caja de Marte, por ejemplo, y se «colapsa» en la caja de la Tierra. Por grande que sea la distancia, el colapso es simultáneo en ambas cajas, aunque solo se observe en una de ellas.

La paradoja de Einstein, Podolski y Rosen

Apuntada la idea de que los aspectos espaciales de la función de onda son sorprendentes, pasamos a considerar el caso de dos partículas que comparten un mismo origen simultáneo, pero que se alejan en el espacio. Ello permite considerar nuevas sutilezas conceptuales y posibilidades experimentales que no se daban en el caso de una sola partícula. El argumento, largo y difícil pero interesante, se inicia con un agudo trabajo de Einstein, Podolski y Rosen.

En 1935, Einstein, en Princeton, donde ha sido acogido tras huir de la Alemania nazi, sigue sus reflexiones sobre los fundamentos de la física cuántica, cuya literalidad no admite. Con dos colaboradores, Boris Podolski y Nathan Rosen, trabaja en una idea especialmente sutil con la que cree poder demostrar la incompletitud de la descripción mecánico-cuántica. La idea consiste en estudiar dos partículas idénticas, emitidas simultáneamente con velocidades iguales y en sentidos opuestos por una misma fuente, como por ejemplo dos fotones emitidos por un átomo o dos electrones emitidos por un núcleo en una desintegración doble beta. La igualdad de las velocidades y el carácter opuesto de sus sentidos respectivos no es excepcional: vienen fijados por las leyes de conservación de la cantidad de movimiento lineal y angular, respectivamente.

Así, si midiéramos la velocidad de una partícula, conoceríamos la de la otra, y si midiéramos la posición de una, conoceríamos la de la otra. Por lo tanto, si un espectador mide la velocidad de una partícula y otro mide la posición de la otra, habrán conseguido medir simultáneamente la posición y la velocidad, con tanto detalle como se desee, en contra del principio de incertidumbre de Heisenberg. En efecto, Einstein supone que cualquier acción física, según la relatividad especial, no puede ir más rápida que la luz. De ello deduce que cada partícula debe tener simultáneamente posición y velocidad, ya que si la adquiriera en el momento de la medida, ello implicaría que la otra partícula también adquiriría posición o velocidad, aunque estuviera arbitrariamente distante, en contra de una acción limitada por la velocidad de la luz.

Ese argumento fue examinado de nuevo en 1952 por David Bohm, refiriéndolo, en lugar de a posiciones y velocidades, a los espines de electrones o la polarización de fotones, con lo que la descripción resultaba técnicamente más simple que la formulación inicial de Einstein, Podolski y Rosen. La conservación de momento angular implica, en ese caso, que si uno de los electrones emitidos tiene espín hacia arriba en un eje dado, el otro lo tendrá hacia abajo.

Las desigualdades de Bell

El paso siguiente fue dado doce años después por John Bell. Durante más de medio siglo, un exceso de positivismo pesó sobre la física cuántica, como había pesado antes, a finales del siglo XIX, sobre la concepción atomística de la materia. Enfrentados a la sutil complejidad conceptual de la física cuántica, la gran mayoría de los físicos se dedicaron a calcular y predecir resultados experimentales, con gran éxito, sin profundizar en lo que pudiera ser la realidad física, concepto prácticamente prohibido o ridiculizado por el positivismo. Tan solo unos pocos físicos ancianos, como Einstein y Bohr, o alguno más joven pero poco convencional, como Bohm, dedicaban algunos esfuerzos a esa cuestión, ante la incomprensión y la desconfianza de las generaciones jóvenes, lanzadas expeditivamente al festín de resultados de la física cuántica en partículas elementales, electrónica, estado sólido y física nuclear.

Pese a lo desfavorable del ambiente respecto a este tipo de cuestiones, John Bell se dedicó discretamente a esa investigación, compaginándola con sus investigaciones más técnicas sobre el diseño y funcionamiento de aceleradores de partículas en el CERN. En 1964, publicó un teorema que demuestra que o las predicciones de la física cuántica son falsas, o que la idea de localidad —que implicaría que ninguna señal puede propagarse más rápido que la luz— es falsa. Para ello, supone una partícula de espín cero inicial, de la cual salen en direcciones opuestas dos partículas con espín +½, –½ (si uno apunta hacia arriba en un cierto eje, el otro debe apuntar hacia abajo).

La idea de Bell consiste en que dos observadores A y B, uno para cada partícula, lleven a cabo medidas del espín en dos ejes escogidos arbitrariamente e independientemente el uno del otro —que denotaremos como ejes 1 y 2 para el observador A y ejes 3 y 4 para el el observador B—. Bell advirtió que las predicciones estadísticas de la física clásica —que supone que las partículas tienen un espín concreto desde el momento de su emisión— y las de la física cuántica —que supone que el espín de las partículas apunta en todas direcciones a la vez hasta que se lleva a cabo la medición, en cuyo caso ambas adquieren simultáneamente espines opuestos— son diferentes. Para asegurarse de que las partículas no pueden intercambiar información entre sí, la selección de los ejes mencionados se cambia en un tiempo inferior al tiempo que tarda la luz en recorrer la distancia entre ambos investigadores. Así, cada vez que se realiza un experimento se cambia el eje del polarizador, una vez las partículas ya han sido emitidas. Si han sido emitidas con un espín dado, ya no están a tiempo de cambiarlo a lo largo de su

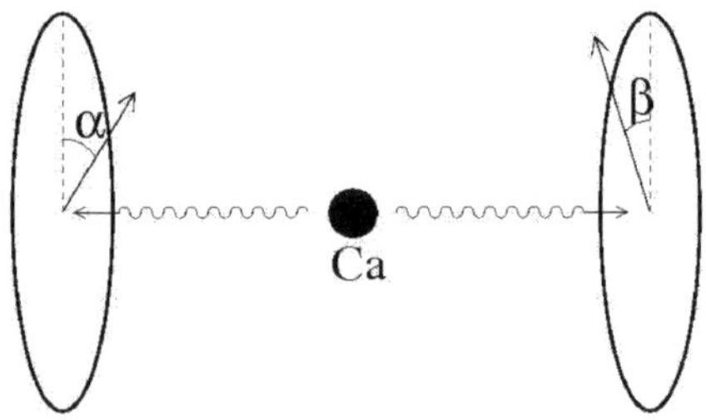

Figura 14.1. Un átomo de calcio excitado emite dos fotones en direcciones opuestas. Sus polarizaciones (una flecha perpendicular a su dirección de movimiento, que indica la línea de vibración de su campo eléctrico) son mutuamente opuestas. El problema conceptual consiste en saber si cada fotón tiene una polarización bien definida antes de ser medida por los polarizadores alfa y beta indicados en la figura, o si bien la adquiere en el instante en que esta es medida.

trayecto —o, si lo cambiaran, deberían poder «avisar» a la otra partícula de que lo han hecho, para que ella cambie asimismo su espín en la dirección adecuada—.

En concreto, Bell halla que los resultados clásicos —pero no los cuánticos— deben satisfacer ciertas desigualdades. No queremos fatigar al lector con precisiones excesivas, pero por completitud, y para el lector interesado, diremos que la más conocida de esas desigualdades establece que el valor de la correlación de los espines en las direcciones 1 y 3, más el de las direcciones 2 y 3, más el de las direcciones 2 y 4, menos el de las direcciones 1 y 4 debe ser, en valor absoluto, menor que 2 para los resultados clásicos, para el caso de partículas de espín 1, como los fotones, pero puede ser mayor que 2 para los resultados cuánticos.

Así, efectuando un conjunto de medidas, si es verdadera la visión clásica de una realidad definida previamente a la medición, esos resultados deberían ser siempre menores que 2, fueran cuales fueran los ejes escogidos por cada observador; en cambio, si es cierta la visión cuántica, los resultados para esa expresión podrían superar ese valor.

Comentarios más o menos intuitivos sobre la desigualdad de Bell

Deducir las desigualdades de Bell dista mucho de ser directo e intuitivo. De hecho, la cuestión crucial no es la parte propiamente técnica de los espines o las polarizaciones, sino la hipótesis ontológica de partida: si la realidad ya está especificada antes de observarla o no. Una ilustración más o menos intuitiva de por qué las correlaciones clásicas están más restringidas que las cuánticas es la siguiente. Supongamos que las partículas son emitidas con su espín a lo largo del eje vertical. Supongamos que, una vez ya han sido emitidas, decidimos medir el espín en el eje horizontal. En el caso clásico, el valor horizontal observado será necesariamente nulo —o, si no lo fuera, no bastaría con que una partícula girara su espín: debería comunicar a la otra que hiciera lo mismo en la dirección opuesta, pero lo debería hacer con velocidad superior a la de la luz, si las mediciones se realizan en posiciones suficientemente alejadas entre sí para que no sea posible que la luz recorra la distancia en el tiempo que transcurre entre el cambio de eje y la realización del experimento.

En cambio, según el modelo cuántico, las partículas han sido emitidas sin una dirección definida del espín, el cual adquiere su dirección en el momento de efectuar la medición, de modo que la posibilidad de observarlo en el eje horizontal no es nula.

Si jugáramos con una sola partícula, no podríamos descartar la idea de que durante el viaje, por algún motivo, su espín hubiera girado. Pero, al jugar con dos partículas correlacionadas, podemos controlar que no sea así, ya que si una cambia no hay tiempo para que consiga «avisar» a la otra de que lo ha hecho, para que la otra cambie asimismo su espín en la dirección adecuada.

Resultados experimentales

De 1965 a 1970, nadie mostró interés por los resultados de Bell. Al fin, en 1970, Clauser, en Berkeley, y Shimony, Horne y Holt en Boston, realizan el experimento sugerido por Bell (con fotones, de espín 1, emitidos por átomos de calcio excitados con un láser, y desexcitándose en una cascada de dos fotones). En 1972, tras acumular una estadística suficientemente amplia, obtuvieron los primeros resultados, que indicaron que la desigualdad que Bell había establecido para los valores en la interpretación clásica era superada ampliamente, de modo que las predicciones cuánticas, y no las clásicas, parecen ser las buenas.

Los resultados de experimentos llevados a cabo desde 1970 por el grupo de Alain Aspect en París, cada vez más próximos a la experiencia ideal propuesta por Bell, y culminados en 1982, pusieron de manifiesto que las limitaciones impuestas por la desigualdad de Bell a las correlaciones clásicas son ampliamente vulneradas, resultado que se considera una confirmación de la interpretación cuántica.

En dichos experimentos se excitaba un átomo de calcio con rayos láser; al desexcitarse en una doble emisión en cascada, el átomo emite dos fotones en direcciones opuestas. Los polarizadores encargados de medir la polarización estaban separados doce metros, lo que corresponde a un tiempo de propagación de cuarenta nanosegundos. Aspect y su equipo utilizaron conmutadores rápidos que dejaban pasar la luz hacia un polarizador o hacia otro orientado de forma diferente (los polarizadores 1 y 2 del observador A y los 3 y 4 del observador B, en lo que hemos dicho antes). Los conmutadores tenían un tiempo de actuación inferior a los cuarenta nanosegundos, el tiempo que pudiera tardar una eventual señal en propagarse de un polarizador al otro con la velocidad de la luz, de manera que ninguna señal clásica podría transmitirse entre ellos.

Esos experimentos han sido llevados a cabo posteriormente en muchas ocasiones, a medida que ha aumentado la disponibilidad de técnicas para conseguir fotones entrelazados. En Ginebra, en 1998, se utilizaron fibras ópticas para repetir el experimento con una separación de unos treinta kilómetros entre los polarizadores. Posteriormente, se han realizado experimentos con fotones emitidos desde un observatorio de Las Palmas de Gran Canaria, uno de los cuales es enviado a Tenerife y el otro a Las Palmas. Pese a que la distancia entre los puntos de observación de ambos fotones es de unos ciento cincuenta kilómetros, los resultados experimentales indican que las polarizaciones de los diversos pares de fotones están correlacionadas como indica la física cuántica, y no como la física clásica.

En experimentos posteriores se han utilizado también electrones en lugar de fotones, cosa que supone mayores dificultades técnicas, a causa de la repulsión electrostática entre ellos. Además, se han ideado otros tipos de experimentos, inspirados en los de Bell pero que no requieren una estadística sobre muchas medidas, sino que les basta una sola medida para discernir qué modelo de realidad —el clásico o el cuántico— es el más adecuado.

¿Velocidad infinita?

El hecho de que una partícula pueda influir en otra partícula arbitrariamente lejana nos lleva a afirmar que la teoría cuántica es no local, ya que, según ella, si dos partículas han estado en interacción en algún instante, sus funciones de onda quedan mutuamente entrelazadas en una función de onda colectiva, de modo que cualquier medida sobre una de ellas afecta instantáneamente a la otra, por lejos que se halle. Esta no localidad pone de manifiesto que el atomismo clásico, según el cual cada partícula elemental tiene unos atributos propios independientes del entorno y del observador, no es compatible con las observaciones: algunos de los atributos de las partículas dependen de las partículas con las cuales han interaccionado anteriormente.

La influencia cuántica instantánea a distancias arbitrariamente grandes correspondiente al colapso de la función de onda implica una velocidad superior a la de la luz. Como la relatividad especial de Einstein supone que no es posible enviar información con velocidad mayor que la de la luz, parece seguirse que esta acción cuántica viola la relatividad especial. Sin embargo, no es así. En efecto, la acción cuántica en el colapso de la función de onda colectiva no permite transmitir información, ya que dicho colapso es completamente indeterminista y aleatorio. Por lo tanto, no podemos enviar ningún mensaje a nuestro interlocutor lejano. Por ejemplo, imaginemos que tratamos de enviar un mensaje en 0 y 1 —o en puntos y rayas—. Para ello, podríamos decir que el interlocutor debe considerar cero si el espín que observa es negativo, y 1 si es positivo, a lo largo de un cierto eje. Pero para transmitir mensajes deberíamos poder controlar que el espín del electrón fuera negativo o positivo según nos conviniera, pero según la física cuántica el colapso es aleatorio y, por lo tanto, no podemos asegurar cuándo será positivo y cuándo negativo.

Observemos, finalmente, que esos resultados no implican necesariamente que la teoría cuántica tenga razón; una alternativa a esa consideración podría ser la interpretación de Bohm de la teoría cuántica, que es determinista, pero en la cual el potencial cuántico puede enviar señales más rápidas que la luz entre las partículas. En esa teoría, las partículas tendrían realmente espín, posición, velocidad, tal como deseaba Einstein, pero el precio a pagar sería algunas señales con velocidad superior a la luz. En ambos casos, cuántico de Copenhague o cuántico de Bohm, la realidad tendría aspectos no locales relacionados con la física cuántica.

15

COMPUTACIÓN
Información cuántica: los frutos de una lógica diferente

En los cuatro capítulos anteriores hemos constatado sorpresas muy profundas sobre la realidad cuántica. Se podría pensar que esas sorpresas son paradojas negativas, en el sentido de constituir un obstáculo para la comprensión y fiabilidad de la teoría, y que sugieren su carácter provisional y todavía incoherente. En el mejor de los casos, podríamos pensar que son preocupaciones académicas, entretenimientos minoritarios sin utilidad práctica. Sin embargo, los científicos han tenido suficiente audacia e imaginación para transformar estas cuestiones casi metafísicas en fundamento de aplicaciones innovadoras con repercusiones tecnológicas profundas, en un campo de tanto interés actual como el procesamiento de la información.

El procesamiento, transmisión y almacenamiento de información juegan un papel muy relevante en nuestra sociedad: telecomunicaciones, ordenadores, redes de ordenadores, memorias magnéticas, memorias ópticas... La simulación cada vez más detallada de situaciones físicas, químicas, biológicas, económicas, de juegos informáticos, de realidad virtual, el procesamiento de las enormes cantidades de datos que intervienen en la bolsa, en los mercados diversos, en el genoma, en los estudios de neurobiología, o el envío de informaciones encriptadas, requiere agilizar en varios órdenes de magnitud el procesamiento actual de la información.

Superposición de estados y lógica cuántica

Los resultados del presente capítulo son aplicaciones de las ideas de superposición y entrelazamiento consideradas en los dos capítulos anteriores. Veamos, en primer lugar, las consecuencias lógicas de la superposición. Hemos visto que el sistema puede hallarse simultáneamente en dos estados clásicamente incompatibles: sí y no, 0 y 1, A y no A. Ello es incompatible con la lógica usual, que no admite que se den a la vez la afirmación y la negación de un mismo enunciado. Ello sugiere que la lógica del mundo microscópico no es necesariamente nuestra lógica usual, forjada sobre la observación del mundo clásico. Pese a la disparidad de lógicas, podemos dialogar con el mundo microscópico, prediciendo, por ejemplo, probabilidades de resultados físicos. Pero también podemos hacerlo de una forma todavía más sutil, a saber, procesar y almacenar información siguiendo la lógica cuántica, cosa que revela el gran potencial de esa lógica con respecto a la usual, al menos para cierto tipo de problemas.

Dos aspectos de la superposición contribuyen a esa potencialidad: el almacenamiento simultáneo de informaciones diversas e incluso contradictorias; y el procesamiento simultáneo, en paralelo, de dicha información —en efecto, imagine el lector cuántas cosas podría hacer si estuviera simultáneamente en varios estados: en el trabajo, en casa, paseando, y de viaje por cuatro o cinco ciudades diferentes—. Esos dos aspectos dan pie a dos posibilidades: utilizar la lógica cuántica en la programación de ordenadores clásicos, o construir ordenadores cuánticos capaces de realizar directamente el procesamiento cuántico.

De los bits a los qubits

La aplicación de la física cuántica al tratamiento de información es una frontera actual muy activa de la investigación en física. No nos referimos aquí a las bases cuánticas de los semiconductores, los imanes o la luz, utilizados en el procesamiento de la información en los ordenadores habituales, que ya hemos comentado, sino a las características especiales de la lógica cuántica.

La idea de superposición permite pasar del procesamiento de información en bits usuales, que pueden estar en el estado 0 o 1, a bits cuánticos o qubits, en que el 0 y el 1 están superpuestos simultáneamente. Así, en un qubit, hay una superposición de los estados 0 y 1. En dos qubits, hay una superposición de los estados 00, 01, 10, y 11. Así, N qubits contienen simultáneamente una superposición de 2^N estados o posibilidades; en cambio, N bits solo pueden contener una sola posibilidad a un tiempo, ya que cada bit solo puede estar en 0 o en

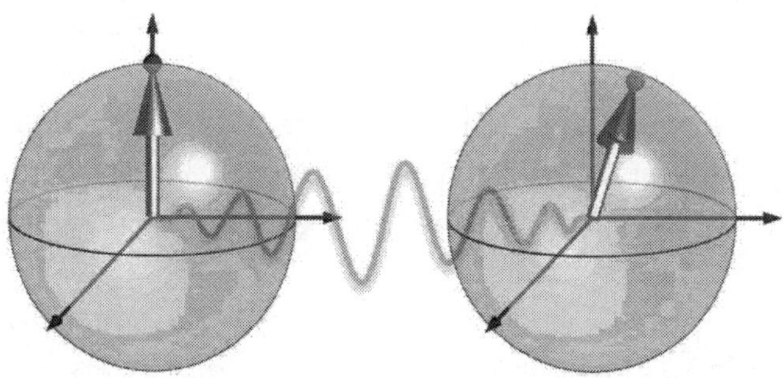

Figura 15.1. Los bits clásicos solo pueden hallarse en el estado 0 o el estado 1. En cambio, los qubits pueden hallarse simultáneamente en muchos estados. Si los qubits se expresaran mediante números reales, estarían a la vez en el estado 0 y el estado 1. Como se expresan en números imaginarios, su punta se puede hallar sobre una esfera de radio unidad, cuyos polos son los estados 0 y 1. En la figura se representan dos qubits en diferentes estados interaccionando entre sí.

1 en un instante dado. Técnicamente, los qubits se pueden representar como pequeñas esferas de radio unidad, en el espacio de los números complejos relacionados con la probabilidad de obtener 0 o 1 al efectuar la medida.

Lo importante, a efectos prácticos, es que todas esas posibilidades están disponibles, en principio, para un tratamiento de la información masivamente paralelo, es decir, con muchas operaciones simultáneas superpuestas, en lugar de sucesivas, aunque el resultado final será un solo resultado concreto.

Trataremos en primer lugar una aplicación de algoritmos inspirados en la lógica cuántica, y pasaremos a continuación a temas orientados a procesos cuánticos que a la larga podrán ser la base de ordenadores cuánticos propiamente dichos.

Factorización en número primos

La factorización en números primos —es decir, descomponer un número en un producto de factores primos, como por ejemplo 8633 = 89 × 97— es, aparte de un problema matemático interesante y complicado, la base de diversas aplicaciones prácticas relacionadas con la criptografía. Ese problema constituyó uno de los puntos de arranque para la computación cuántica, en 1994, con el algoritmo de Peter Schor, de los laboratorios ATT —sucesores de los laboratorios Bell—, para descomponer un número en producto de factores primos de forma mucho más rápida que cualquier algoritmo clásico conocido.

Multiplicar dos números primos lleva mucho menos tiempo que factorizar el resultado en el producto de números primos. El tiempo que tarda un ordenador para multiplicar dos números de *n* cifras crece como el cuadrado del número de cifras. Así, si multiplicar dos números de tres cifras lleva una centésima de segundo, multiplicar dos números de treinta cifras lleva cien veces más tiempo, es decir, un segundo. En cambio, el tiempo que se tarda en factorizar un número de *n* cifras crece como 2 elevado a la raíz cúbica de *n*. Esto tiene como consecuencia, por ejemplo, que para factorizar un número de quinientas cifras se requieren cien millones más de operaciones —y por lo tanto, unos cien millones más de tiempo— que para un número de doscientas cincuenta cifras.

Con el algoritmo de Schor, el número de cálculos a realizar crece mucho más lentamente con el número de cifras que en el caso clásico. Así, para factorizar un número de quinientas cifras solo se debe realizar ocho veces más operaciones que para un número de doscientas cincuenta cifras —compárese este resultado con los cien millones de veces más operaciones que deben efectuarse en el caso clásico—. En realidad, el algoritmo de Schor no da el resultado final, sino acota el intervalo de los resultados más probables, que posteriormente pueden ser verificados caso por caso, lo cual permite ahorrar mucho esfuerzo.

Ese enunciado aparentemente formal, tiene consecuencias prácticas importantes, ya que algunos métodos clásicos utilizados para guardar secretos bancarios o militares se basan en la factorización de algún número de doscientas o trescientas cifras. En principio, se esperaba que si alguien intentaba factorizar dicho número, aunque fuera con un ordenador muy potente, pasaría al menos dos años en conseguirlo, por lo cual cada año y medio —pongamos por caso— se cambiaba el número. Sin embargo, el algoritmo de Schor acorta notablemente ese tiempo, por lo cual el sistema criptográfico mencionado deviene menos fiable, y sus números clave se deben cambiar con mayor frecuencia.

Criptografía

Otra de las aplicaciones de la información cuántica es la criptografía. La criptografía tiene como objetivo transmitir y almacenar información de manera que resulte accesible tan solo a un número limitado de personas. Uno de sus objetivos es conseguir algoritmos lo más difíciles posibles de descifrar. Un segundo objetivo es saber si un mensaje que nos llega ha sido leído por alguien que no lo debía leer.

En efecto, la física cuántica permitiría saber si alguien ha interceptado un mensaje. En 1984, se idearon los primeros protocolos de criptografía cuántica de C. Bennet, de IBM, y G. Brassard. En 1991, A. Ekert, de la Universidad de Cambridge, propuso utilizar el entrelazamiento cuántico, tratado en el capítulo anterior, para distribuir claves criptográficas protegidas de cualquier indiscreción. Un año después, C. Bennet y S. Wiesner, de Tel Aviv, mostraron que el entrelazamiento cuántico ayuda a transmitir información clásica en una codificación superdensa en que se puede transmitir el doble de información que en el correspondiente transporte clásico. Actualmente, se comercializan sistemas cuánticos de criptografía basados en fotones y que utilizan fibras ópticas y alcanzan hasta un centenar de kilómetros. Un problema para la realización práctica es que cada elemento que interviene en el sistema de transmisión necesita funcionar con una tasa de error diminuta, difícilmente alcanzable.

Teleportación

Transportar un objeto a un punto lejano inmediatamente y sin transportar su materia, sino tan solo su información, es un antiguo sueño de la imaginación humana: es lo que llamamos teleportación. La teleportación cuántica es la aplicación más exótica y sorprendente del entrelazamiento cuántico, la que ha llamado más la atención del público, acostumbrado a ver escenas imaginadas de teleportación en series de ciencia ficción.

Mediante el envío de fotones entrelazados —como los del capítulo anterior— es posible transportar a distancia el estado cuántico de una partícula a otra partícula lejana, por lejos que esta se halle. Se ha conseguido la teleportación de estados cuánticos de un fotón o de una partícula, pero se tardará bastante en lograr la teleportación del estado cuántico de sistemas grandes. Observemos que esta teleportación transporta el estado cuántico, pero no la materia. Por ejemplo, teletransportar el estado cuántico de un átomo de hidrógeno que tuviera su electrón en el tercer orbital no significaría transportar a distancia el propio átomo de hidrógeno, sino conseguir que un átomo de hidrógeno lejano determinado pase a estar en el mismo estado cuántico que el átomo de hidrógeno de referencia, con el electrón en el tercer nivel.

En principio, si tuviéramos una molécula en un sitio, y átomos como los que constituyen dicha molécula en otro sitio distante, al enviar la información sobre el estado cuántico los átomos lejanos se deberían organizar como la molécula de referencia. Sin embargo eso es tanto más difícil cuanto mayor es el número de partículas que intervienen. Teleportar el estado cuántico de un átomo de helio a otro átomo de helio comportaría ya dificultades muy grandes. Imaginar que algún día podamos teleportar el estado cuántico de un sistema de miles de moléculas supone por ahora dificultades vertiginosas, aunque abre un campo de posibilidades a la imaginación. A efectos prácticos, la teleportación podría resultar útil para la transmisión de información entre los futuros ordenadores cuánticos.

Ordenadores cuánticos

Una de las fronteras de los ordenadores es la miniaturización. Cada año y medio, aproximadamente, se duplica el número de circuitos electrónicos que forman parte de un ordenador. Naturalmente, en el futuro se llegará a la escala estrictamente atómica, cosa que supondrá un límite a la miniaturización. En los ordenadores cuánticos se pretende utilizar cada átomo para almacenar un qubit, en tanto que los ordenadores actuales requieren pequeños imanes de un centenar de átomos, aproximadamente, para almacenar un bit clásico. Es evidente el cambio de escala que supone el horizonte cuántico.

Otro límite de la miniaturización está relacionado con la gran producción de calor por unidad de volumen a medida que se miniaturiza el ordenador y se aumenta la densidad de circuitos. Extraer ese calor resulta cada vez más difícil. De hecho, el calor producido por unidad de tiempo y de volumen en un ordenador muy miniaturizado es tan solo unas diez veces inferior a la producción de calor por unidad de volumen en el centro de las estrellas. Una gran parte de la energía consumida por los superordenadores actuales está dedicada a refrigerarlos, sin lo cual se fundirían. En la computación cuántica, esa disipación de calor se reduciría, aunque no hasta llegar a cero, ya que hay límites termodinámicos a la energía relacionada con la computación.

Puertas lógicas y memorias cuánticas

Para poder calcular, o efectuar otros tipos de operaciones, los ordenadores necesitan puertas lógicas, es decir, combinaciones de elementos que produzcan unas operaciones básicas muy simples. En principio, con cuatro puertas lógicas basta: las más conocidas son la «y», la «o», la «o exclusivo» y la «no». En la «y» y la «o» hay dos entradas y una salida. En la «y», la salida es 1 si las dos entradas son 1, y la salida es 0 en los otros casos; en la «o», la salida es 1 si una al menos de las dos entradas es 1, y la salida es 0 en los otros casos; en la puerta «o exclusivo», en cambio, la salida es 1 si y solo si una de las dos entradas es 1; la puerta «no» tiene una entrada y una salida: si la entrada es 1 la salida es 0 y viceversa. Combinaciones adecuadas de esas puertas conducen a las diferentes operaciones matemáticas, o de otros tipos. Para tener un ordenador no basta con almacenar bits o qubits: hay que tener puertas lógicas que permitan operar con ellos. Las puertas lógicas cuánticas son difíciles de conseguir en la práctica.

En 1995, Juan Ignacio Cirac y Peter Zoller, entonces en la Universidad de Innsbruck, consiguieron la primera realización física de una puerta lógica cuántica mediante tres iones positivos atrapados en una trampa electromagnética a muy baja temperatura. Cada ión funciona como un qubit —una superposición de 0 y 1—; los iones interaccionan entre sí electrostáticamente. La información de entrada se suministra mediante un haz láser finísimo. Durante el cálculo, esos iones deben estar completamente aislados del exterior, para que no se pierda coherencia. Desde 1995 se ha ido mejorando la capacidad de cálculo y se llega actualmente a la manipulación de ocho o nueve qubits, pero por ahora, añadir un qubit suplementario requiere grandes esfuerzos. Se ve difícil llegar a superar los veinte qubits mediante este método, y se están explorando otros métodos, utilizando, por ejemplo, superconductores.

También se requieren algoritmos de corrección cuánticos, tal como se hace en los ordenadores clásicos. En estos, cada bit se transmite por triplicado (000, o 111), de manera que la redundancia permita tolerar un cierto margen de error: por ejemplo, si un 0 pasara a 1 por efectos del ruido, el 000 pasaría por ejemplo a 010, e interpretaríamos que se había enviado un 0; es mucho más difícil que se produzcan aleatoriamente dos cambios de 0 a 1 en un mismo triplete. Realizar esa operación con qubits resulta bastante más difícil.

Finalmente, es todo un desafío conseguir memorias para qubits, ya que se requiere algo mucho más difícil y delicado que mantener un ión en posición 1 o en posición 0 —que es lo que se hace en las memorias clásicas—. Almacenar un qubit requiere mantener una superposición concreta de 1 y 0. Para ello, se requiere un aislamiento muy grande, para evitar la decoherencia. Los almacenamientos más largos que se han logrado hasta ahora llegan apenas a los diez minutos.

Para qué problemas pueden ser útiles los ordenadores cuánticos

Por ahora, no se pretende que los ordenadores cuánticos supongan una alternativa a los ordenadores actuales, sino más bien dedicarlos al tratamiento de situaciones especialmente complicadas, sobre todo para problemas tipo NP —es decir, problemas en que la cantidad de operaciones necesarias para su resolución no sea una potencia del número de datos, sino que tenga una dependencia mucho más acusada y rápidamente creciente—. Por ejemplo, el problema del viajante de comercio consiste en hallar el camino más corto que pase por N ciudades; la dificultad del problema crece muy rápidamente con el número de ciudades.

En lo que respecta a problemas de esta índole, hemos mencionado la factorización de números; si bien no tenemos un ordenador cuántico disponible, el algoritmo de Schor, inspirado en la lógica cuántica, permite trabajar mucho más eficazmente que con los algoritmos clásicos. Otro problema de gran nivel de dificultad es la búsqueda inversa: por ejemplo, dado un número de teléfono, buscar el nombre del usuario en la guía telefónica. El problema directo —dado el nombre, buscar el número de teléfono— es muy fácil, gracias al orden alfabético de los usuarios, pero la operación inversa requiere un tiempo muy largo. En 1997, L. Grover demostró teóricamente que un ordenador cuántico podría acelerar mucho esa búsqueda —y otras búsquedas análogas a esa en bases de datos—.

Otra situación en que los ordenadores cuánticos podrían ser especialmente adecuados es la simulación de sistemas complicados. Por ejemplo, el universo conocido contiene unas 10^{90} partículas elementales. Para describir cada una de ellas en términos clásicos sería necesario dar su posición y su cantidad de movimiento, pongamos que con unos veinte bits —el producto de imprecisiones está limitado por el principio de incertidumbre de Heisenberg, de modo que aumentar la precisión más allá de dicho límite no tiene sentido—. Así, para simular el estado de todo el universo sería suficiente, en el marco de la información cuántica, con unos mil átomos, cada uno de los cuales almacenara un qubit. El número total de estados sería del orden de $2^{1000} = 10^{300}$, más que suficiente para almacenar todos los bits. En efecto, en la física cuántica todos esos estados se presentan simultáneamente. En cambio, en física clásica el sistema tiene en cada momento un solo estado y la simulación de un sistema tan complicado sería impracticable.

16

HISTORIAS
La sorpresa del tiempo: Feynman

En el capítulo 14 hemos abordado las sorpresas que supone con respecto al espacio el entrelazamiento cuántico entre partículas alejadas, que comparten una función de onda común: parece como si se desvaneciera el espacio y surgiera una unidad sincrónica y una compenetración intensísima. La física cuántica también supone sorpresas con respecto al tiempo: en ella, una medida actual puede cancelar toda una historia pasada, en una especie de retroacción misteriosa. Somos conscientes de que, a partir del presente, se abren ante nosotros futuros diversos, de los cuales solo se realizará uno. Nos cuesta imaginar, en cambio, que podamos ser el resultado no tan solo de una historia concreta y establecida, sino de muchas historias a la vez, y que nuestra libertad pueda suponer, también, borrar un conjunto de historias pasadas que conducen hasta nosotros. Trataremos aquí este aspecto sorprendente de la física cuántica, propuesto por Richard Feynman, en su formalismo de la «suma sobre historias», y aplicado, entre otros investigadores, por Stephen Hawking en su descripción cuántica de la función de onda del universo.

Hemos visto que el entrelazamiento cuántico viene a ser una extensión de la superposición cuántica, pero aplicada a partículas que comparten una misma función de onda que se extiende en el espacio. Aquí consideraremos algo parecido, pero extendido en el tiempo.

Principios variacionales clásicos

En la formulación más usual y conocida de la física clásica, se establecen unas condiciones iniciales sobre la posición y la velocidad de las partículas —y sobre los campos eléctrico y magnético, si conviene— y, a partir de ellas, mediante la aplicación de las ecuaciones pertinentes —las leyes de Newton o de Maxwell, respectivamente— se calcula la evolución futura del sistema.

Pero la física clásica permite una interesante formulación alternativa: en lugar de conocer toda la información sobre el estado inicial, y calcular la del estado final, se distribuye la información entre el estado inicial y el final, y se busca la evolución intermedia del sistema entre ambos estados. Esta situación es muy realista y frecuente. Un artillero, por ejemplo, conoce su posición y la posición del blanco que quiere alcanzar, y su problema es determinar la inclinación y velocidad inicial del proyectil para alcanzar el blanco. Este es también el problema del lanzamiento de satélites artificiales: se conoce la posición de la base de lanzamiento y las características de la órbita, y se quiere establecer la velocidad de lanzamiento para que el satélite quede en la órbita requerida. Así pues, en lugar de tener toda la información del estado inicial, y determinar el futuro a partir del presente, el futuro determina parte del presente: la posición del blanco final determina la velocidad inicial del proyectil.

La física clásica plantea este problema en forma de principios variacionales, que consisten en imaginar muchas trayectorias posibles entre el estado inicial y el final, y buscar la que hace máxima o mínima una cierta función asociada a la trayectoria. Por ejemplo, se ha demostrado que si se calcula la energía cinética menos la energía potencial a lo largo de cada una de las trayectorias imaginables —la llamada «acción» de la trayectoria—, la trayectoria que corresponde al valor mínimo de esa función es precisamente la que cumple las leyes de Newton. Así, las leyes de Newton y este principio variacional son equivalentes.

Lo mismo ocurre con las leyes de la óptica: Fermat demostró que las leyes de la refracción de los rayos de luz al cambiar de medio —al pasar de aire a agua, o de aire a vidrio, o de vidrio a agua, por ejemplo— satisfacen un principio variacional, en concreto, el requisito de que el tiempo transcurrido para que la luz viaje entre dos puntos sea mínimo —cosa que no equivale a que la distancia sea mínima, ya que la velocidad no es la misma en ambos medios—. Lo mismo ocurre, en cierta forma, en la vida cotidiana: cuando salimos de casa y nos dirigimos hacia un punto concreto de la ciudad, con diversos encargos que hacer, pensamos en una diversidad de caminos, y para cada uno de ellos hacemos una estimación intuitiva aproximada del tiempo que tardaremos, realizando los encargos. En principio, nos decidiremos por el camino que minimice ese tiempo —el problema se vuelve extremadamente complicado si tenemos que hacer muchos encargos intermedios—. Pero podríamos optimizar otra función: en lugar de minimizar el tiempo, maximizar el placer que nos produce la trayectoria, es decir, escoger caminos que nos gusten más, aunque nos hagan dar un rodeo.

La idea de los principios variacionales resulta conceptualmente atractiva: parece destacar más una lógica subyacente a la complejidad del mundo. En tanto que las ecuaciones de Newton parecen dominadas por el estado inicial, en el principio variacional interviene a la vez el estado inicial y el estado final, y dan una visión más global de la realidad, en que pasado, presente y futuro aparecen a la vez, tal como recuerdo, presente y proyecto se hallan en cada instante de nuestras vidas.

Suma sobre historias

En 1948, Richard Feynman —uno de los personajes más vivaces, divertidos, brillantes y seductores de la física de la segunda mitad del siglo XX— generalizó esta idea variacional de una forma especialmente atractiva.

Mientras que en la física clásica uno imagina todos los caminos posibles, pero se queda tan solo con uno de ellos, el que realiza la condición de mínimo o de máximo del principio variacional, la física cuántica presenta, en la formulación propuesta por Feynman, la posibilidad de que todos los caminos sean seguidos simultáneamente. Así, la realidad no discurre según una sola historia, sino según una superposición de todas las historias posibles. En el ejemplo de la vida cotidiana mencionado antes, eso equivaldría a pasar simultáneamente por calles diversas y plazas diversas, cosa que nosotros, partículas clásicas, no podemos hacer, pero sí lo podrían hacer, según Feynman, las partículas cuánticas.

Así, el principio de superposición de estados tratada en el capítulo 13, se convierte aquí en una superposición de caminos o de historias. En el lanzamiento de electrones contra la doble rendija, Feynman supone que el electrón no va por un solo camino que atraviese una sola rendija, sino por muchos caminos a la vez, algunos de los cuales pasan por una rendija, otros por la otra, y algunos pasan por las dos, primero por una, después por la otra, en uno o varios bucles. Al interaccionar entre sí, los caminos dan la figura de interferencia ondulatoria descrita en el capítulo 11.

Para que eso ocurra, según Feynman, no todas las historias han de tener la misma probabilidad de ser realizadas: la que tendrá mayor probabilidad es la que satisface el principio variacional clásico, es decir, la que concuerda con la solución de la teoría clásica, pero la física cuántica tolera otros caminos paralelos, con una probabilidad que se hace tanto más pequeña cuanto más se aleja de la trayectoria clásica. Para sistemas macroscópicos, se recupera la trayectoria determinista clásica porque las otras trayectorias tienen probabilidad muy pequeña y, además, interfieren entre sí hasta anularse. Mérito de Feynman es haber dado una forma matemática concreta para la probabilidad de los diversos caminos, en función de la acción a lo largo del camino.

El experimento anula la historia pasada

En esa visión, la historia no estaría definida unívocamente: todas las historias serían posibles —la del sí y la del no en una cierta encrucijada de la vida, por ejemplo— y el experimento realizaría una de ellas y desestimaría la otra. Pero eso no pasaría como en la visión usual, en que la decisión tomada en un cierto momento solo tiene consecuencias para los instantes posteriores, sino de una manera global, que afectaría a toda la historia, es decir, todos los instantes, tanto anteriores como posteriores. Al menos, eso es lo que ocurre —según la física cuántica y los experimentos que la ponen a prueba— con un fotón que pueda pasar de un punto a otro por dos caminos —fijados, por ejemplo, por un espejo semitransparente, que permite que el fotón lo atraviese o que se refleje en él—.

El fotón recorre los dos caminos a la vez y solo cuando realizamos un experimento para hallar por qué camino va, todo un camino es confirmado y todo el otro refutado, no porque el fotón hubiera tomado inicialmente uno de los dos caminos y no el otro, sino porque, estando en ambos a la vez, toda una historia se borra y toda la otra se hace realidad. De hecho, en un cierto sentido, también nuestras decisiones afectan no solo al futuro sino también al pasado: algunas de ellas borran unos instantes del pasado y hacen brillar otros. Un acontecimiento político o una moda artística no influyen tan solo sobre el futuro, sino que también hacen releer de forma diferente la historia anterior. Sin embargo, esa analogía no hace justicia a la sutileza de la física cuántica, porque esta última hace desaparecer todo el camino, en tanto que nosotros solo borramos su recuerdo, pero no su realidad. La física cuántica no permite borrar cualquier historia, según el deseo subjetivo del observador, sino ciertos conjuntos de caminos, que dependen de las condiciones del experimento.

Incidentalmente, podemos mencionar que, en la formulación de Feynman, una antipartícula es interpretada como una partícula que retrocede en el tiempo. Así, en esta visión, un antielectrón yendo hacia el futuro sería equivalente a un electrón yendo hacia el pasado. Aunque eso resulte increíble, la interpretación es matemáticamente consistente y sus predicciones son corroboradas experimentalmente. También en este sentido, el presente podría estar hecho de influencias del pasado —partículas que van, como nosotros, hacia el futuro— y partículas que nos llegan del futuro en forma de antipartículas.

Electrodinámica cuántica

Uno se puede preguntar qué se gana con esa formulación, qué nuevas capacidades adquiere con ella la teoría cuántica. Feynman la aplicó a la formulación de la electrodinámica cuántica, o cuantización de las ecuaciones para el campo electromagnético. En efecto, al hablar de la física atómica, hemos considerado que la ley de Coulomb de la electrostática que describe la atracción entre los electrones y el núcleo atómico seguía siendo válida, en tanto que modificábamos la dinámica del electrón, introduciendo condiciones de cuantización para sus órbitas. Sin embargo, ello no puede ser estrictamente verdadero, ya que los estados estacionarios de Bohr no emiten radiación electromagnética pese a que el electrón esté acelerado. Ello es incompatible con la teoría electromagnética clásica, por lo cual esta se deberá generalizar.

Las modificaciones cuánticas de la teoría electromagnética se manifestarán no solo en la física atómica, sino también en las colisiones entre partículas cargadas, que deberían exhibir diferencias con respecto a las colisiones descritas según la teoría clásica. Este es el programa de la llamada «segunda cuantización», o «teoría cuántica de campos», porque en ella se cuantizan el campo eléctrico y magnético —y otros campos correspondientes a las interacciones nucleares—. Ese programa se inició con la electrodinámica cuántica desarrollada en los años 1940 por Schwinger, Tomonaga y Feynman.

Los diagramas de Feynman

La formulación de Feynman de la suma sobre historias tiene la ventaja sobre otras teorías anteriores de su compatibilidad con la teoría de la relatividad especial —algo que en la formulación de Dirac se conseguía solo para el electrón—. Por otro lado, esa formulación permite tratar no tan solo la electrodinámica cuántica, sino también problemas cuánticos del estado sólido con mayor profundidad y elegancia que formulaciones anteriores.

En la teoría cuántica de campos, la interacción se presenta no como una fuerza continua sino como el intercambio sucesivo de partículas discretas —los bosones intermediarios de que hemos hablado en el capítulo 5—, y que para la interacción electromagnética corresponden a fotones. Así, la interacción entre electrones o entre protones y electrones se puede representar como una sucesión de intercambios de fotones virtuales.

Si el campo es tenue, el número de fotones intercambiados por unidad de tiempo es pequeño, y la electrodinámica cuánti-

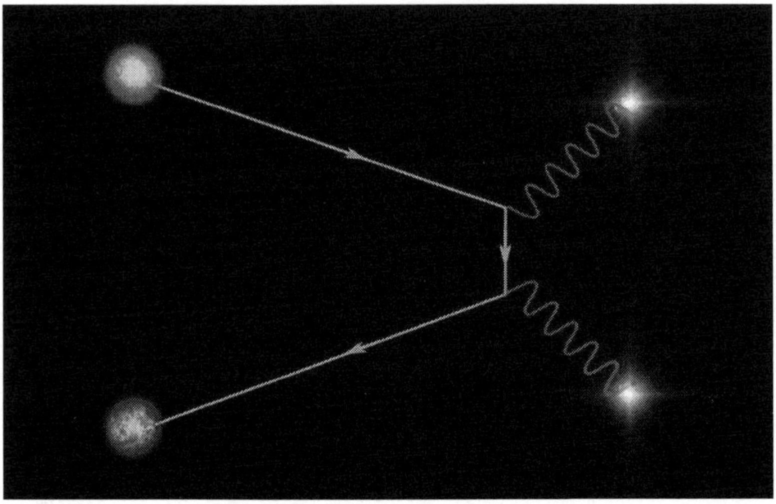

Figura 16.1. Un ejemplo de diagrama de Feynman, que representa la aniquilación de una partícula y una antipartícula dando dos rayos gamma; el tiempo transcurre hacia la derecha; la antipartícula retrocede en el tiempo.

ca recupera la electrodinámica clásica, pero se separa de ella para campos intensos. Las operaciones matemáticas subyacentes son muy complicadas. Feynman tuvo la idea de representarlas en diagramas que visualizan de forma inmediata las operaciones que se debe llevar a cabo, y que son una de las herramientas teóricas centrales de las teorías cuánticas de campos, que han conducido a un grado extraordinario de precisión de la teoría.

Algunos de esos diagramas conducen a resultados infinitos. Sin embargo, en algunos casos es posible combinar adecuadamente esos infinitos, restándolos entre sí, y obtener resultados finitos. Ello sugiere que el valor finito de la carga eléctrica observada de las partículas podría ser de hecho la resta de dos magnitudes infinitas compensándose entre sí: una carga infinita de la partícula y una carga infinita de las fluctuaciones del vacío circundante, de signo opuesto, tema de que hablamos en el capítulo siguiente.

17

VACÍO
La agitación del vacío cuántico

En la historia del pensamiento, el vacío ha sido siempre un concepto problemático, quizá por su equívoca vecindad con la abstracción de la nada, quizá porque la gran dificultad de extraer todas las partículas de una cavidad nos hace pensar en la posibilidad de que siga habiendo en ella algún tipo de realidad desconocida que no somos capaces de detectar. Por ello, la discusión sobre el vacío es también una pregunta sobre los límites de la realidad.

Los filósofos griegos, en general, no aceptaron la idea del vacío, salvo los atomistas, que propusieron que los átomos se desplazan en él. En la física aristotélica, se creía que para mantener un objeto en movimiento con velocidad constante era necesario ejercer continuamente una fuerza sobre el objeto, proporcional a su velocidad y a la resistencia del medio. Como en el vacío la resistencia sería nula, la velocidad de la partícula bajo cualquier fuerza sería infinita, concepto que Aristóteles no aceptaba como realidad actual, por lo cual rechazaba, en consecuencia, el vacío. Además, consideraba que si una partícula se hallara en el vacío no sabría en qué dirección se habría de mover, ya que tendría cortada su comunicación con el mundo. La longevidad de la física aristotélica contribuyó a consolidar el supuesto «horror al vacío» de la naturaleza con una argumentación sutil y aparentemente convincente.

Experimentos sobre el vacío

La cuestión del vacío no volvió a ser debatida en profundidad hasta finales del siglo XVII, cuando Torricelli en Florencia, Pascal en Clermont-Ferrand y Otto von Guericke en Magdeburgo, realizaron una serie de experimentos sobre la presión atmosférica. En los experimentos de Torricelli, se medía la presión atmosférica con un tubo de vidrio cerrado por un extremo, que se llenaba de mercurio; al invertir el tubo sobre un recipiente que contenía mercurio, el nivel de este en el tubo bajaba hasta tener una altura de unos setenta y seis centímetros sobre el nivel del mercurio circundante. Además del interés de ese dato como medida de la presión atmosférica, se deducía que, como el tubo de vidrio estaba herméticamente cerrado, el espacio que dejaba el mercurio al bajar quedaba vacío.

Pascal trató esta cuestión con todo lujo de detalles, para tratar de convencer a los que se oponían a la existencia del vacío desde argumentos filosóficos, y dedujo la variación de la presión con la altura, que se convirtió en una manera práctica, aunque no completamente fiable, de medir la altura de montañas y la profundidad de pozos. En lo que respecta a von Guericke, extraía el aire del espacio cerrado entre dos semiesferas de hierro y veía, ante un público numeroso y sorprendido, que dos caballos por banda, tirando con todas sus fuerzas, no podían separar las semiesferas, cosa que se conseguía con facilidad, en cambio, si se dejaba que el aire volviera a penetrar entre ellas.

El éter electromagnético

La idea del vacío, en física, duró relativamente poco. Cuando a comienzos del siglo XIX se observaron propiedades ondulatorias de la luz se postuló la existencia de un medio por el cual se propagasen las ondas luminosas. En particular, la teoría electromagnética parecía exigir un éter misterioso, ya que tenía que dejar pasar los planetas sin frenarlos y, al mismo tiempo, debía ser muy rígido, ya que la gran velocidad de las ondas así lo exigía. Durante casi medio siglo, el éter fue considerado un ingrediente central y básico de la realidad física, y Lord Kelvin imaginó que los átomos de la materia eran remolinos de éter.

En 1905, Einstein propuso la teoría especial de la relatividad, según la cual la velocidad de la luz en el vacío es absoluta, independiente del movimiento del emisor y del receptor, tal como se sigue de las ecuaciones del electromagnetismo y de los experimentos de Michelson y Morley de 1887. Einstein advirtió, al examinar el proceso de medida del espacio y del tiempo teniendo en cuenta el carácter absoluto de la velocidad de la luz, que las longitudes se contraían y los relojes se atrasaban para los observadores en movimiento. Las expresiones que describen la dependencia de la longitud y el tiempo en función de la velocidad habían sido deducidas unos años antes que Einstein por Lorentz y por Fitzgerald, que las atribuían a la interacción de las reglas y los relojes con el éter. En la teoría de la relatividad, en cambio, los campos eléctrico y magnético que componen la luz son entidades físicas con existencia propia y mutuamente realimentada, que no necesitan ningún éter para mantenerse ni propagarse.

Plenitudes del vacío cuántico

En la física cuántica, el vacío no es un espacio sin nada; aunque aisláramos una región del espacio y extrajéramos todas las partículas, toda la radiación, todos los campos gravitatorios y electromagnéticos, la región no quedaría sin nada, sino que estaría poblada por unas continuas fluctuaciones que se manifestarían como producción y aniquilación de parejas de partículas y antipartículas.

Esas fluctuaciones son una consecuencia del principio de incertidumbre de Heisenberg. La formulación más conocida de este principio establece que no podemos conocer simultáneamente y con toda precisión la posición y la velocidad de una partícula. En términos más generales, ese principio implica que, dada una magnitud cualquiera, como por ejemplo un campo electromagnético, no podemos conocer simultáneamente y con toda precisión su valor y el de su derivada temporal. Si el campo y su derivada fueran nulos simultáneamente, vulnerarían la incertidumbre cuántica. Por ello, el vacío cuántico no puede ser estático, sino una continua producción y aniquilación de pares de partículas y antipartículas.

Según la formulación del principio de incertidumbre en términos de tiempo y energía, la duración de esas fluctuaciones es inversamente proporcional a su energía; como la energía relacionada con una partícula de masa m vale mc^2, la duración de un par partícula-antipartícula entre su aparición y su desaparición es inversamente proporcional a la masa de la partícula. A diferencia de la sobriedad del vacío clásico, el vacío cuántico es una danza de partículas y antipartículas que aparecen y desaparecen.

Efectos del vacío cuántico

Decimos, pues, que el vacío cuántico está relleno de pares de partículas y antipartículas virtuales, que no pueden ser observadas directamente. Aunque eso parezca muy especulativo, dichos pares tienen diversos efectos indirectos. Uno de ellos es el efecto Lamb, que consiste en un desplazamiento de las líneas de absorción del átomo de hidrógeno respecto de las que tendría en el vacío clásico, sin las fluctuaciones cuánticas. Los pares virtuales de partículas y antipartículas apantallan un poco la carga del protón y modifican sus niveles energéticos de manera observable. Otra constatación es el efecto Casimir, que consiste en la atracción entre dos placas metálicas paralelas y descargadas, como consecuencia de la presión superior de las partículas virtuales fuera del espacio entre las dos placas en comparación con la presión entre las placas, fuerza que ha sido medida.

Otra consecuencia es el apantallamiento parcial de la carga del electrón, ya que las partículas virtuales positivas se acercarán a él más que las negativas; colisiones a energías muy elevadas ponen de manifiesto una modificación de la carga aparente del electrón, tanto mayor cuanto mayor es la energía de la colisión y menor la distancia entre las partículas que chocan. Ello puede ser interpretado como una disminución de los efectos del apantallamiento del vacío entre las partículas. Así, a diferencia del punto de vista clásico en que la carga y la masa de las partículas son propiedades intrínsecas de ellas, en la física cuántica ¡esas propiedades dependen no solo de la partícula, sino también del vacío circundante!.

Energía y presión del vacío

El vacío cuántico tiene presión y densidad de energía bien definidas, que en algunas etapas del universo pueden influir en su ritmo de expansión. Hay diversos estados del vacío, por ejemplo, según el ritmo con que se producen fluctuaciones. Un problema grave de la física actual es, precisamente, el elevado valor de la densidad de energía del vacío, o energía del punto cero. La estimación de esa energía se efectúa atribuyendo a cada volumen del tamaño del orden de la longitud de Planck —que definimos y explicamos en el párrafo siguiente— la energía de una oscilación de longitud de onda igual a la longitud de Planck. Ello da para la densidad de energía del vacío un valor igual a la constante de Planck por la velocidad de la luz dividida por la cuarta potencia de la longitud de Planck. Como esta longitud es muy pequeña, la densidad de energía es enorme, unos ciento veinte órdenes de magnitud superior al valor observado.

Ello tendría graves consecuencias en cosmología, puesto que aceleraría enormemente la expansión del universo, y no le dejaría tiempo para formar galaxias, ya que el gas que lo compone rápidamente quedaría muy diluido. Esa tendencia a acelerar el universo se sigue de la relatividad general de Einstein, en que la gravitación no depende tan solo de la densidad de masa o energía, como en la teoría clásica, sino de la densidad de energía más tres veces la presión. Ahora bien, la presión del vacío cuántico —al menos en sus modelos más sencillos— es la densidad de energía cambiada de signo, por lo cual su efecto neto resulta, por así decirlo, antigravitatorio, y acelera la expansión en lugar de frenarla. Esa relación entre presión y densidad de energía implica que la energía del vacío por unidad de volumen es constante, en otras palabras, que crear espacio vacío cuesta energía.

Vacío cuántico y fluctuaciones del espacio-tiempo

A escalas de longitud y tiempo muy pequeñas, se cree que no solo fluctúa el contenido del espacio, sino que el propio espacio-tiempo fluctúa, ya que según la relatividad general espacio y tiempo no son contenedores pasivos de la realidad, sino entidades físicas dinámicas. Para situar esas fluctuaciones, conviene recordar que la gravitación está relacionada con la constante G de la ley de la gravitación universal de Newton, el electromagnetismo, con la velocidad de la luz en el vacío c, y los efectos cuánticos, con la constante h de Planck. Combinando adecuadamente G, h y c, obtenemos un tiempo, una longitud y una masa llamados tiempo, longitud y masa de Planck, respectivamente, que indican por debajo de qué longitud y de qué tiempo es necesario utilizar una teoría que unifique gravedad y física cuántica. La longitud de Planck es del

Figura 17.1. Se cree que a escala muy microscópica, del orden de la longitud y el tiempo de Planck, el espacio-tiempo no es liso y continuo, sino fluctuante e irregular como la espuma de las olas.

orden de 10^{-35} metros, mucho menor que el radio del protón, el tiempo de Planck es del orden de 10^{-43} segundos, y la masa de Planck es del orden de 10^{-5} gramos, que equivale a la masa de un millón de billones de protones.

Según la teoría de la gravitación cuántica, a esas escalas diminutas, el espacio y el tiempo serían como una espuma con burbujas del tamaño de la magnitud de Planck. Considerados a esa escala, espacio y tiempo no serían magnitudes continuas sino una entidad fluctuante, agitada incesantemente, apareciendo, desapareciendo, agrietándose y rehaciéndose. Pero la visión einsteiniana de la gravedad como geometría, basada en el carácter suave y continuo de las variaciones del espacio-tiempo, no es aplicable a esta agitación brusca y abrupta del vacío cuántico. No es extraño, pues, que al efectuar cálculos cuánticos con la gravitación los resultados estén plagados de infinitos. En cambio, a escalas mayores que las de Planck, el espacio-tiempo parece liso, tal como lo parece un mar picado desde un avión a gran altura.

Si existen o no esas fluctuaciones, no lo sabemos en rigor, ya que las escalas espaciales más pequeñas que han sido exploradas experimentalmente son del orden de 10^{-22} metros, trece órdenes de magnitud por encima de la longitud de Planck. Las afirmaciones sobre lo que ocurre a escalas inferiores a 10^{-22} metros son, por ahora, especulativas, basadas en una extrapolación de la física conocida. Podría ser, sin embargo, que la física cuántica tuviera que ser modificada en profundidad antes de llegar a la escala de Planck.

Actualmente, se están llevando a cabo observaciones para verificar si se dan realmente las fluctuaciones cuánticas del espacio-tiempo. Si esas fluctuaciones son reales, la velocidad de las ondas electromagnéticas de longitud de onda muy corta debería ser menor que la velocidad conocida de la luz en el vacío. En efecto, a esas escalas diminutas, las ondas no podrían avanzar en línea recta, sino en zig-zag, desviándose continuamente a causa de las fluctuaciones del espacio, por lo cual avanzarían más lentamente que las ondas largas en comparación con la longitud de Planck, que no se desviarían. Tales observaciones se están llevando a cabo en el telescopio MAGIC, en Gran Canaria, explorando los pulsos electromagnéticos procedentes de explosiones estelares o galácticas de gran energía, a las que corresponden fotones de gran energía y pequeña longitud de onda.

La fluctuación mínima necesaria para la cual el espacio-tiempo resultaría inestable sería, en principio, del orden de una masa de Planck en una esfera de radio del orden de la longitud de Planck, cosa que produciría un agujero negro que curvaría suficientemente el espacio. Algunos cálculos indican como óptima una perturbación de unas cincuenta veces la masa de Planck, una masa enorme a la escala de las partículas elementales, en un radio del orden de unas cincuenta veces la longitud de Planck, que exigiría menos densidad que en el caso anterior. La probabilidad de aparición de una fluctuación tan grande es muy reducida, de manera que la probabilidad de que se produzca un nuevo big bang espontáneamente es ínfima, pero tal vez no absolutamente nula.

18

GRAVITACIÓN
Física cuántica y agujeros negros

Al intentar unificar las fuerzas en un solo formalismo, la gravedad se resiste a unificarse con las demás. Según la relatividad general la gravitación, más que una fuerza propiamente dicha, es una geometría. De ahí, precisamente, que la teoría de supercuerdas, con dimensiones adicionales, ponga asimismo tanto énfasis en la geometría, especialmente en la del espacio de las dimensiones compactadas sobre sí mismas a una escala muy pequeña, cuya geometrización determina las fuerzas en el espacio tridimensional observable.

Ahora bien, para unificar las fuerzas no es suficiente buscar un nexo en la geometrización. Las fuerzas electrodébil y fuerte están cuantizadas; una unificación de todas ellas requiere, pues, cuantizar también la gravitación. Por ello, buscar maneras de relacionar teoría cuántica y gravitación es una frontera muy activa y relevante de la física. En el capítulo anterior hemos comentado las fluctuaciones cuánticas del espacio-tiempo, que constituyen una de las dificultades que surgen en ese empeño. Una de las aportaciones más interesantes a la relación entre gravitación y física cuántica la suministra la termodinámica de los agujeros negros.

Hemos visto en el primer capítulo la importancia de la termodinámica en los inicios de la física cuántica. Las aportaciones fundacionales de Planck y de Einstein sobre los aspectos cuánticos de la radiación y de las vibraciones en los sólidos están profundamente enraizadas en métodos y objetivos termodinámicos. Ello no es de extrañar, ya que la termodinámica proporciona un marco muy general, que sobrevuela la mayoría de los detalles microscópicos y, como tal, resulta muy útil como puente de conexión entre ámbitos físicos muy dispares. Eso es lo que ocurre en la termodinámica de agujeros negros, donde aspectos cuánticos y gravitatorios quedan relacionados. La termodinámica de los agujeros negros está vinculada estrechamente a las aportaciones pioneras de Stephen Hawking y de Jacob Bekenstein, además de muchos refinamientos y aportaciones de muchos otros autores.

Los agujeros negros

Un agujero negro es un objeto celeste del cual nada, ni tan solo la luz —el ente físico más veloz que conocemos— puede salir. La velocidad de escape desde la superficie del agujero negro es igual o superior a la velocidad de la luz. El concepto de velocidad de escape se refiere a la velocidad mínima necesaria con que se debe lanzar un cuerpo desde la superficie de un planeta o estrella para que no vuelva a caer sobre ella y se siga alejando indefinidamente. La velocidad de escape depende de la masa y el radio del planeta o estrella; aumenta al aumentar la masa, y se reduce al aumentar el radio. En particular, la velocidad de escape desde la superficie de la Tierra es ligeramente superior a los once kilómetros por segundo.

Para que un objeto de una cierta masa sea un agujero negro, su radio debe ser inferior a un valor denominado radio de Schwarzschild, proporcional a la masa. Por ejemplo, para que un cuerpo de la masa del Sol fuera un agujero negro su radio debería ser de unos tres kilómetros (el radio del Sol es de unos setecientos mil kilómetros). Constatamos que la densidad de esos objetos debe ser enorme. Sin embargo, la densidad de los agujeros negros no es necesariamente enorme, ya que es inversamente proporcional al cuadrado de su masa. Por ello, un objeto que tuviera una masa del orden de un millón de veces la masa solar, como el agujero negro que se cree hay en el centro de nuestra galaxia, tendría una densidad un billón de veces inferior a la de un agujero negro de masa igual a la del Sol. Por el contrario, los agujeros negros microscópicos tienen densidades inimaginablemente elevadas. Los agujeros negros grandes se forman por el colapso de estrellas de masa mayor que tres masas solares. Los agujeros negros microscópicos se podrían haber formado en las condiciones extremas de los primeros instantes del universo.

Pero aunque los agujeros negros del orden de la masa solar son muy densos, no debemos pensar que son objetos muy compactos. La relatividad general nos sorprende con su conclusión de que el interior de los agujeros negros está vacío, y que toda su masa se acumula en su centro, en lo que denominamos una singularidad, en que la densidad se hace infinita. El radio de Schwarzschild, pues, no corresponde propiamente a una superficie material que limite una esfera compacta de gran densidad, sino un horizonte inmaterial que, una vez cruzado hacia dentro, ya no se puede volver a cruzar hacia fuera.

Entropía de agujeros negros

La termodinámica de agujeros negros empieza, indirectamente, con un importante resultado de Stephen Hawking de 1970, según el cual el área total de los agujeros negros nunca puede disminuir, sino solo aumentar o mantenerse constante. La pregunta que conduce a este resultado es qué proporción de la energía de los agujeros negros puede transformarse en ondas gravitatorias, es decir, en ondas del espacio-tiempo. A primera vista, uno podría pensar que, en casos extremos, toda la energía de los agujeros negros que chocan se podría convertir en ondas gravitatorias, de manera que no quedaría ningún agujero negro tras la colisión. Aunque esto es concebible, Hawking vio que el área final del agujero negro resultante de la colisión y unión de los dos agujeros negros iniciales debe tener un área igual o superior a la suma de las áreas de los agujeros negros iniciales. Ello implica, por ejemplo, que si chocan dos agujeros negros de masa M, cada uno de los cuales tiene una energía dada por mc^2, según la relación de Einstein, solo se puede convertir en ondas gravitatorias un treinta por ciento de la energía inicial, y que la masa del agujero negro final debe ser como mínimo el setenta por ciento de la suma de las masas de los dos agujeros negros iniciales.

El resultado de Hawking fue leído con entusiasmo por Jacob Bekenstein, un estudiante de doctorado que hacía la tesis con J. A Wheeler —el supervisor, muchos años antes, de la tesis doctoral de Feynman—. Como es lógico, Bekenstein advirtió en seguida la posibilidad de que este resultado tuviera una lectura termodinámica, si se interpretaba el área como una entropía. En efecto, la segunda ley de la termodinámica establece que en los sistemas aislados la entropía solo puede crecer o seguir igual, pero nunca disminuir. Por ello, si se relacionaba el área con la entropía, el resultado de Hawking se convertía en una manifestación concreta y novedosa del segundo principio de la termodinámica.

La entropía de un agujero negro sería, según Bekenstein, proporcional al área del horizonte del agujero negro dividida por el cuadrado de la longitud de Planck, multiplicada por la constante de Boltzmann de la física estadística. Esta longitud, que hemos introducido en el capítulo anterior, combina la constante de la gravitación, la velocidad de la luz y la constante de Planck, de manera que en ella aparecen a la vez física cuántica y gravitación. El cociente entre el área del agujero negro y el cuadrado de la longitud de Planck no tiene dimensiones, e indica cuántas áreas elementales contiene el área del agujero negro. La entropía del agujero negro resulta proporcional al área, e inversamente proporcional a la constante de Planck. En el límite clásico, en que la constante de Planck tiende a cero, la entropía del agujero negro tendería a infinito.

Temperatura de los agujeros negros

Al leer el artículo en que Bekenstein hacía pública esa propuesta, Hawking, en lugar de sentirse satisfecho de que su resultado hubiera sido una fuente de inspiración para una nueva forma de considerar la entropía, montó en cólera. En efecto, si tomamos al pie de la letra la termodinámica, el agujero negro tendría una temperatura absoluta diferente de cero, ya que la temperatura absoluta viene dada por la derivada de la energía interna con respecto a la entropía. Con ello, se obtiene una temperatura proporcional a la constante de Planck e inversamente proporcional a la masa de los agujeros negros. En el caso clásico (constante de Planck nula) la temperatura del agujero negro sería nula; por ello, la termodinámica de los agujeros negros es esencialmente cuántica. Por otro lado, la temperatura de los agujeros negros grandes sería muy pequeña. Ahora bien, si la temperatura absoluta es diferente de cero, el agujero negro debería radiar energía de forma proporcional a la cuarta potencia de la temperatura absoluta, pero, según la definición de agujero negro, no podía radiar. Se llegaba pues a una contradicción.

Sin embargo, fue el mismo Hawking quien, sin proponérselo, resolvió esa contradicción poco después. En efecto, Hawking estudió las fluctuaciones del vacío en la zona del espacio-tiempo muy curvada vecina al horizonte del agujero negro. Según sus cálculos, los pares partícula-antipartícula que se formarían en aquella zona de altísima gravedad, en lugar de volverse a aniquilar como ocurre en el vacío sin gravedad, serían separados por la gravedad, de modo que la partícula o la antipartícula caerían al interior del agujero negro, y el otro miembro del par saldría hacia el infinito.

Así, aunque los agujeros negros no emitan nada, en un sentido estricto, envían a su alrededor una radiación, llamada radiación de Hawking, formada por radiación electromagnética, y por partículas y antipartículas de masas diversas. Esa radiación no procede del interior del agujero negro, sino de las fluctuaciones cuánticas de la zona vecina a su horizonte, aunque un espectador lejano ve la radiación como si fuera emitida por el agujero negro.

La aparente contradicción que había advertido Hawking en la proposición intuitiva e ingenua de Bekenstein quedaba resuelta. Más aún: Hawking consiguió calcular la distribución de energías en dicha radiación y advirtió que era análoga a la de Planck, con una temperatura dada precisamente por la propuesta de Bekenstein, si se especifica convenientemente un parámetro numérico. Con esos resultados, la termodinámica de los agujeros negros recibió un fuerte respaldo físico y atrajo la atención de muchos investigadores.

Vemos un cierto paralelismo entre la actitud de Hawking con respecto a Bekenstein y la de Planck con respecto a Einstein: en principio, hubieran podido estar satisfechos de que una de sus ideas fuera ampliada por una nueva aportación. En lugar de eso, lo vieron con hostilidad, porque creían que era una extrapolación sin fundamentos, que ponía en riesgo la credibilidad de su propuesta inicial. En ambos casos, la novedad resultó enriquecer la aportación inicial.

Desde entonces, se ha profundizado mucho en la termodinámica de agujeros negros. Nos referiremos aquí a algunos de los muchos resultados de interés.

Evaporación de agujeros negros

A medida que van cayendo en ellos partículas o antipartículas de energía negativa, las antipartículas o partículas correspondientes de energía positiva de la pareja partícula-antipartícula correspondiente se alejan del agujero negro en forma de radiación de Hawking y el agujero negro se va evaporando. El ritmo de evaporación es proporcional al área del horizonte del agujero, y a la cuarta potencia de la temperatura. Los agujeros negros grandes tienen temperatura pequeña y se evaporarían muy lentamente. En cambio, los hipotéticos agujeros negros pequeños, se evaporarían en tiempos muy cortos, en explosiones de radiación. Un tema que fue muy debatido durante un tiempo fue si la radiación de Hawking devolvía al exterior toda la información que había sido capturada previamente por el agujero negro. Hawking insistió en que la radiación no devolvía toda la información, en tanto que otros autores afirmaban que la debía devolver en su totalidad. Finalmente, Hawking reconoció que algunas características sutiles de la radiación que él no había tenido en cuenta devolvían la información. Otra cuestión discutida es si los agujeros negros se evaporan del todo o si dejan de evaporarse una vez han llegado a un tamaño muy pequeño, del orden de unas cuantas longitudes de Planck.

La entropía del horizonte cósmico y la información del universo

Nuestra capacidad de observar el universo está limitada por un horizonte cósmico, que es la frontera de la zona desde donde nos puede haber llegado la luz a lo largo de los trece mil setecientos millones de años de la historia de nuestro universo. Dicho horizonte separa el universo conocido del desconocido. Así, en cierta forma, actúa como el horizonte de un agujero negro, que separa una parte no observable del universo —el interior del agujero negro— de la parte observable —exterior al agujero negro—. Por ello, se han aplicado las ideas de la termodinámica de agujeros negros a la termodinámica del horizonte cósmico, que se debe tener en cuenta a la hora de formular la termodinámica del universo.

La idea del horizonte cósmico aparece también en el contexto de la información sobre el universo. Si imaginamos que cada cuadrado cuyo lado tiene la longitud de Planck pudiera almacenar un bit de información, la información máxima sobre el universo sería 10^{122} bits. Esos cálculos representan ideas interesantes cuando además de materia y energía se tiene en cuenta la magnitud información —en su sentido de la teoría de la información de Shannon, en su versión clásica o cuántica—. Asimismo, Bekenstein propuso que la información máxima que se podría conseguir sobre un volumen cualquiera, fuera o no agujero negro, sería el área de la superficie que lo limita dividida por el cuadrado de la longitud de Planck: de hecho, la cantidad de información que realmente tenemos de los sistemas es muy inferior a ese límite máximo, que tiene, básicamente, un interés teórico. Una de las consecuencias de esas propuestas ha sido la llamada hipótesis holográfica, según la cual el espacio tridimensional podría ser una ilusión de los sentidos, y que tal vez toda la información estaría en la superficie del universo, como si el universo fuera un gran holograma cuya auténtica realidad estuviera grabada en sus bordes.

Agujeros negros y aceleradores de partículas

Poco antes de inaugurar el gran acelerador LHC del CERN, saltó a la discusión pública la posibilidad de que se produjera en él un agujero negro microscópico que se fuera tragando rápidamente toda la Tierra, hasta hacerla desaparecer. Por ello, se plantea la posibilidad de conseguir realmente agujeros negros microscópicos. Pero, como hemos comentado, la densidad de los agujeros negros es inversamente proporcional al cuadrado de su masa. Por ello, la formación de esos agujeros negros no requiere tan solo mucha energía, alcanzable en los aceleradores, sino también una inmensa densidad de energía, algo mucho más difícil de alcanzar. Por otro lado, aunque el agujero se formara se evaporaría muy rápidamente, antes de poderse tragar demasiada materia.

Agujeros negros y teoría de supercuerdas

En la física estadística clásica, la entropía de los sistemas termodinámicos puede ser obtenida, si se desea, a partir de cálculos microscópicos relacionados con las partículas y la radiación que constituyen el sistema. Sin embargo, eso no es posible en los agujeros negros, ya que no podemos observar su interior. De hecho, la única información que tenemos sobre los agujeros negros es su masa, su carga y su momento angular. Los agujeros negros son holísticos: forman un todo no divisible en partes. Sin embargo, en 1995, Strominger y Vafa consiguieron obtener la entropía de Hawking y Bekenstein utilizando extensiones de la teoría de supercuerdas que toman en consideración que las entidades básicas no son partículas, sino diminutas cuerdas —como en la teoría de supercuerdas— y, además, diminutas plaquetas o membranas de dos o más dimensiones. Ese resultado tiende un puente entre la teoría de supercuerdas y teorías más vecinas a la realidad, aunque todavía no verificadas.

19

UNIVERSO
Física cuántica y cosmología

En principio, resulta sorprendente relacionar la física cuántica, utilizada habitualmente en los dominios molecular, atómico y nuclear, con el cosmos, que es un sistema inmenso. La relación se entiende si tenemos en cuenta que en los instantes próximos al inicio, el universo que ahora podemos observar tenía un tamaño comparable al de los núcleos. Así, para poder explorar el comportamiento del universo en aquella etapa es necesaria una formulación del universo como sistema cuántico, lo que requiere, entre otras cosas, una formulación cuántica de la relatividad general, que es la teoría que describe la gravitación y la dinámica del universo o, incluso, establecer una función de onda para el universo en su globalidad, con las cuestiones conceptuales que ello implica sobre superposición de diversos estados simultáneos del universo y de suma sobre diversas historias, tema planteado con especial agudeza y pasión en la obra de Stephen Hawking, o sobre las fluctuaciones cuánticas de un espacio-tiempo espumoso primordial como posible factor iniciador aleatorio de un número inmenso de universos.

Pero no es necesario llegar a esos extremos: muchos fenómenos cósmicos de los primeros tres minutos están profundamente relacionados con las partículas elementales y sus interacciones, y abren un campo de experimentación más allá de los aceleradores; fluctuaciones cuánticas en una etapa inflacionaria cuando el universo tenía apenas una millonésima de billonésima de billonésima de segundo son consideradas actualmente como origen de las semillas de las galaxias; el vacío cuántico puede jugar un papel relevante como constituyente del universo que contribuya a acelerar su expansión... Las resonancias entre física cuántica y cosmología constituyen un campo muy rico para la investigación y la reflexión.

Las constantes físicas universales

Hemos comentado en el capítulo 4 la gran sensibilidad de la síntesis nuclear del carbono en las estrellas con respecto a los valores de las constantes físicas universales —velocidad de la luz, constante de Planck, constante gravitatoria, masas del protón y electrón, carga del electrón...—. Así, un universo en que la constante de Planck fuera un diez por ciento mayor o menor de su valor conocido, sería muy diferente al nuestro: solo contendría hidrógeno y, tal vez, helio, pero prácticamente no contendría ningún átomo más pesado. En ese sentido, los efectos cuánticos —entendidos, sumariamente, como efectos relacionados con el hecho de que la constante de Planck no sea nula—, son decisivos para el propio contenido del universo, en lugar de ser una descripción limitada a lo microscópico.

Pero no debemos singularizar excesivamente el papel de la constante de Planck: todas las constantes son relevantes para el contenido del universo. Se plantea, pues, un problema profundo: ¿por qué esas constantes tienen el valor que tienen, y qué permite que haya núcleos pesados y vida? Hay con respecto a esta cuestión dos grandes tendencias científicas: la de los que buscan una teoría más profunda que las actuales y que determine algunas relaciones cruciales entre esas constantes, y la de los que creen que no existe tal teoría, sino que las teorías más profundas que podamos imaginar dejan abierta esa cuesción, que tal vez se podría responder pensando que hay muchos otros universos, con valores diferentes de las constantes, y que por fuerza hemos de habitar en un universo cuyos valores de las constantes físicas sean compatibles con nuestra existencia.

Materia y antimateria en el universo

Al describir las partículas elementales hemos hablado de la antimateria. Al abordar la cosmología, surge de inmediato una cuestión: ¿por qué hay materia en el universo, y no está hecho tan solo de luz? De nuevo, nos enfrentamos al tema del contenido del universo. Si en el instante inicial hubiera habido la misma cantidad de materia que de antimateria, el universo, transcurridas unas pocas milésimas de segundo, habría sido solo de luz. En efecto, al entrar en contacto, materia y antimateria se aniquilan en forma de radiación. En muchos casos, esa radiación tiene tanta energía que a su vez produce pares de partículas y antipartículas, pero si no se rompe la simetría entre partículas y antipartículas, en un universo muy denso, donde las partículas están en contacto muy frecuentemente las unas con las otras, en muy poco tiempo se habrían aniquilado todas las partículas con todas las antipartículas, y habría quedado un universo tan solo de luz y gravitación.

A veces resulta fascinante pensar en un universo así, y preguntarse si en un universo como ese podría haber inteligencia sin haber vida. En principio, esa posibilidad no se puede desestimar *a priori*, ya que si la interacción entre ondas electromagnéticas y gravitatorias tuviera elementos no lineales, sería posible la existencia de puertas lógicas efímeras y computaciones no triviales a las que tal vez podríamos llamar inteligencia. Pero esa cuestión desborda los límites que nos hemos impuesto en este libro.

Así, la existencia de materia en el universo es un problema abierto. La materia no es la respuesta definitiva y sólida a los problemas del conocimiento, sino un problema en sí misma. En principio, la física piensa en una simetría perfecta entre materia y antimateria, tal como una simetría perfecta entre cargas eléctricas positivas y negativas. El problema consiste en cómo se rompe esa simetría. Se conoce un ejemplo de ello: la desintegración del kaón neutro. Se cree que una pequeña, ligerísima ruptura de simetría, ha sido suficiente para que el universo tenga materia. Por ejemplo, se supone que cuando el universo tenía billonésimas de segundo, por cada diez millones de antiprotones había diez millones más un protones. En los primeros instantes materia y antimateria pasan a luz, pero la temperatura es tan elevada y los fotones tienen tanta energía que pueden restaurar los pares partícula-antipartícula aniquilados. Sin embargo, al reducirse la temperatura, llega un momento en que los fotones ya no pueden restaurar los pares desaparecidos. Entonces, se produce una gran aniquilación: por cada protón que hay actualmente, hubo diez millones más de protones, que se aniquilaron con diez millones de antiprotones, y la radiación resultante se halla en la radiación cósmica de fondo. Actualmente, uno de los objetivos de los experimentos del LHC del CERN es precisamente estudiar la ruptura de esa simetría.

¿Cuántas generaciones de partículas?

Al presentar la clasificación de partículas elementales, hemos puesto de manifiesto la existencia de tres generaciones de quarks y de leptones, y hemos dicho que con una o dos generaciones el universo sería solo de luz, ya que no se habría podido romper la simetría entre materia y antimateria. Veíamos, de nuevo, una relación profunda entre detalles microscópicos del universo y su constitución. Nos preguntamos entonces qué ocurriría si hubiera más de tres generaciones de quarks y leptones.

Los primeros argumentos que limitaron, a principios de los años 1980, el número de generaciones a cuatro como máximo se basaron en consideraciones cosmológicas, relacionadas con la abundancia relativa de helio en el universo. En efecto, el número de generaciones afecta al rendimiento de las reacciones nucleares de fusión del hidrógeno para dar helio, de tal modo que si hubiera más de cuatro generaciones, la proporción de hidrógeno y helio primordiales sería de setenta por ciento de hidrógeno y treinta por ciento de helio, en lugar del setenta y cinco por ciento de hidrógeno y veinticinco por ciento de helio observado en las galaxias primitivas, y que concuerda con los cálculos del modelo cosmológico del big bang. Posteriormente, en los años 1990, experimentos efectuados en el CERN sobre el ritmo de desintegración de la partícula Z° afinaron esta cota superior y establecieron en tres el número máximo de generaciones —suponiendo que los neutrinos de las generaciones superiores no tuvieran masas superiores a las de la propia partícula Z°, cosa verosímil, ya que las masas de los neutrinos son pequeñas—.

La información cósmica sobre partículas elementales no se limita a eso. Cuando el universo tenía una edad del orden de las diezbillonésimas de segundo, tuvo lugar en él una transición desde un plasma de quarks y gluones a hadrones, de los cuales solo subsisten los protones y neutrones. En otras palabras, en lugar de formar un gas muy denso de quarks prácticamente libres, los quarks se unieron de tres en tres o de dos en dos para dar bariones y mesones. Actualmente, se intenta reproducir en el laboratorio el proceso inverso: pasar de materia nuclear —protones y neutrones— a plasma de quarks y gluones, haciendo chocar núcleos pesados a grandes velocidades. Seguramente, lo que aprendamos en el laboratorio nos hará

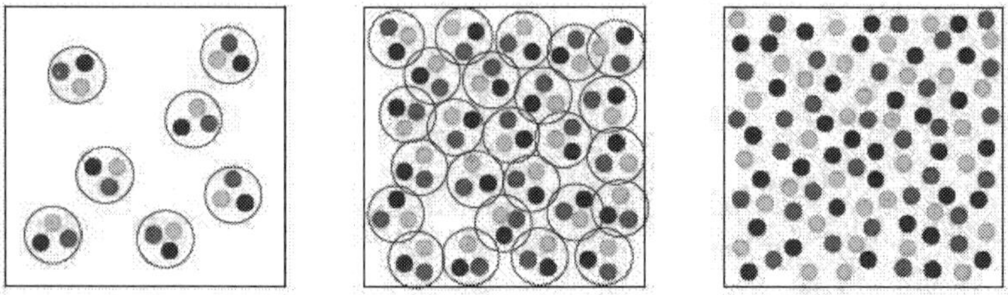

Figura 19.1. De izquierda a derecha, gas de nucleones —protones y neutrones— separados, sin interacción nuclear; nucleones en contacto mutuo, en la materia nuclear; plasma de quarks. En este último, los quarks no están agrupados de tres en tres formando protones y neutrones, sino que se constituyen en un gas denso de quarks libres, muy próximos los unos a los otros —por comodidad, no se representan los gluones intercambiados entre ellos—.

observar nuevos detalles del universo, relacionados con esa transición.

También los neutrinos constituyen un campo de pruebas prometedor. Ya hemos comentado que los neutrinos atraviesan con facilidad planetas y estrellas, que resultarían opacos para la luz. Por ello, uno de los objetivos de la cosmología observacional es intentar llevar a cabo un análisis detallado del fondo de neutrinos cósmicos —procedentes, por ejemplo, de la fusión nuclear primordial del hidrógeno para dar helio— tal como se ha estudiado con gran detalle las características de la radiación de fondo de microondas. Con ello, se podrían explorar características globales del universo cuando tenía apenas segundos, en tanto que el estudio de la radiación cósmica de fondo solo nos permite explorar las etapas posteriores a los trescientos ochenta mil años, momento en que radiación y materia se desacoplaron y el universo se volvió transparente a la radiación electromagnética.

Aceleradores de partículas y cosmología

Al referirse a los grandes aceleradores de partículas, los medios de comunicación dicen que nos permiten acercarnos al inicio del universo. En realidad, los aceleradores no funcionan como máquinas del tiempo que nos pueden retrotraer a aquellos instantes. Lo que significa esa afirmación es que los aceleradores nos permiten conocer cómo son los procesos predominantes a temperaturas muy elevadas —temperatura elevada significa energía media elevada de las partículas—. Como el universo primitivo estaba muy caliente, cuanto mayor sea la energía que podamos explorar, más nos acercaremos al momento inicial.

Sin embargo, la idea puede inducir a engaño. Las energías alcanzadas actualmente en el LHC corresponden a las temperaturas que tenía el universo cuando contaba poco menos de billonésimas de segundo. Para el gran público, ello representa estar muy próximo al origen del universo. Pero para los físicos, no es así. Para poder acercarnos no a las billonésimas, sino a las billonésimas de billonésimas de segundo, sería necesario aumentar en un factor diez mil, como mínimo, la energía de los aceleradores, cosa que está muy lejos de nuestras posibilidades. Por otro lado, las mediciones hechas en los aceleradores difieren del estado del universo a aquella temperatura al menos en tres sentidos: contienen un gas muy diluido (cien millones de veces inferior a la densidad del agua) en tanto que en el universo era al menos mil millones de veces más denso que el agua, con lo cual carecemos de información sobre efectos colectivos; en los aceleradores se tiene un sistema fuera del equilibrio termodinámico, en tanto que el universo estaba en equilibrio; finalmente, en los aceleradores el espacio no se expande, pero sí se expandía, y muy rápidamente, en el universo. Por ello, los aceleradores nos dan informaciones indudablemente valiosas, pero tan solo parciales, de las etapas primitivas del universo, y nos falta mucho para alcanzar una visión de los orígenes del universo —visión tal vez inalcanzable—.

Las semillas cuánticas de las galaxias

La idea de que el universo tuvo una etapa de expansión exponencial rapidísima cuando contaba entre 10^{-36} segundos y 10^{-32} segundos, aproximadamente, constituye la base del llamado modelo cosmológico inflacionario, propuesto por Alan Guth en 1981. En dicho modelo, una transición de fase en el vacío cuántico metaestable habría liberado mucha energía y habría producido una explosión mucho más rápida que la supuesta en el modelo usual del big bang. En el intervalo mencionado, el radio del universo se habría multiplicado por diez treinta veces, mientras que en el modelo clásico se habría multiplicado por diez dos veces —es decir, se habría multiplicado por cien—.

Esa expansión tan rápida presenta diversos atractivos. El principal es el de resolver el problema del horizonte cósmico, que consiste en que la temperatura de la radiación cósmica de fondo tiene el mismo valor en todas las direcciones hacia donde miremos, salvo fluctuaciones diminutas. El problema estriba en que esta coincidencia se da incluso para zonas del universo tan alejadas entre sí que en el modelo clásico no habrían estado nunca en contacto mutuo. En cambio, con la inflación rapidísima, zonas ahora muy alejadas las unas de las otras estuvieron en contacto directo en etapas iniciales del universo, por lo cual es natural que sus temperaturas sean casi idénticas. Además, el modelo inflacionario explica por qué no se observan monopolos magnéticos, por qué el universo es prácticamente plano, y la distribución de las fluctuaciones de la temperatura de la radiación de fondo. En cambio, no resulta clara ni la duración de esta expansión ni el recalentamiento posterior del universo.

Uno de los argumentos observacionales a favor del modelo inflacionario está relacionado con la distribución de las pequeñas fluctuaciones de densidad que actuaron como semillas de las galaxias primitivas. Esas fluctuaciones fueron observadas por primera vez por el satélite COBE en 1992 (premio Nobel de Física de 2006) y por el satélite WMAP en 2002, ya que están estrechamente relacionadas con las fluctuaciones de temperatura de la radiación cósmica de fondo de microondas. Esas fluctuaciones corresponden al estado que tenía el universo en el momento en que la radiación y la materia se desacoplaron entre sí, porque la materia empezó a pasar de la forma ionizada a la forma atómica neutra —es decir, los núcleos de hidrógeno y de helio empezaron a capturar a los electrones libres y a convertirse en átomos neutros, cuya interacción con la luz es mucho menor que la de los electrones libres—. Ese desacoplamiento tuvo lugar cuando el universo tenía unos trescientos ochenta mil años.

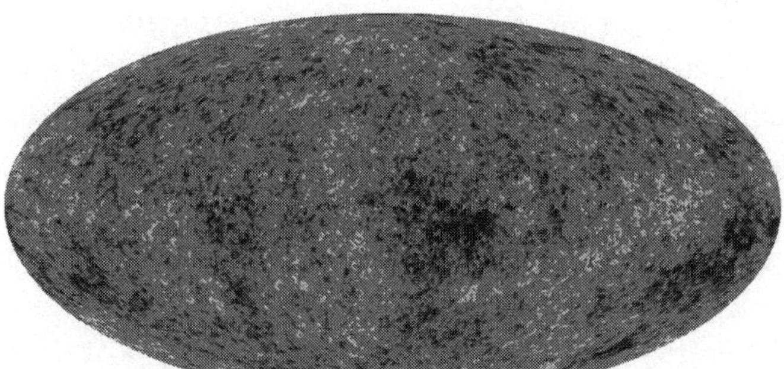

Figura 19.2. Imagen de las fluctuaciones de la radiación de fondo de microondas, según el satélite WMAP. Los puntos más claros corresponden a zonas de mayor densidad de masa y actuaron como semillas de agregación de las primeras galaxias. Se cree que dichas semillas tuvieron su origen en fluctuaciones cuánticas del universo primitivo, ampliadas posteriormente en la etapa inflacionaria (Imagen CC Nasablueshift).

Con ello, la presión de la radiación dejó de surtir efecto homogeneizador sobre la materia, y esta se empezó a agregar, conduciendo a las galaxias primitivas. Los puntos donde se fue acumulando la materia fueron aquellos en que, por el azar de las fluctuaciones, tenían entonces una densidad ligeramente mayor que la de los alrededores, ya que eso supone una atracción gravitatoria ligeramente mayor sobre los átomos de sus alrededores. Esas zonas actuaron como semillas de las galaxias primitivas, observables en las imágenes obtenidas por los satélites mencionados. El estudio detallado de la distribución espacial de esas fluctuaciones conduce a la conclusión de que tienen su origen en fluctuaciones típicamente cuánticas, amplificadas por la rápida expansión de la etapa inflacionaria. Así, un fenómeno en principio tan microscópico e imperceptible como las fluctuaciones cuánticas, podría estar en el origen de algo tan grande como las galaxias.

¿Semillas cuánticas del universo?

Según la cosmología de la gran explosión o big bang en ausencia de efectos cuánticos, antes del inicio del universo no había ni tiempo, ni espacio, ni materia. Espacio, tiempo y materia surgirían conjuntamente en un inicio común, con densidad y temperatura infinitas, singularidad pura más allá de las leyes de la física. Al incorporar la física cuántica, en conexión con la relatividad general, surge la posibilidad de que la densidad y la temperatura iniciales no fueran infinitas sino finitas —en algunas versiones de la teoría de supercuerdas el universo empieza con temperatura nula— y de que existiera un espacio-tiempo primordial fluctuante, donde espacio y tiempo se confunden entre sí en una especie de espuma diminuta, que se rasga y se rehace incesantemente. Pero, ¿cómo se pasa de esa entidad fluctuante a una extensión vastísima de espacio, tiempo, luz y materia? Algunas ideas físicas sugieren que el universo —el nuestro, y quizá muchos otros— habría podido surgir de una fluctuación del vacío cuántico.

Algunos investigadores, especialmente Andrei Linde y Alexander Vilenkin, han propuesto que las explosiones inflacionarias del vacío no se han producido una sola vez, para dar lugar a nuestro universo, sino que se irían produciendo al azar, ampliando de repente una zona muy pequeña para convertirla en un nuevo universo en fracciones ínfimas de segundo, y conduciendo a un conjunto ramificado de universos. Como resultado de esta inestabilidad explosiva y caótica del vacío cuántico, el universo sería en realidad un laberinto de universos, la mayoría de los cuales darían lugar a su vez a nuevos universos.

Así, tanto en la gravedad cuántica del vacío primordial como en la cosmología inflacionaria del vacío cuántico metaestable se abre la sospecha de que no haya un solo universo, sino muchos universos que vayan surgiendo como fluctuaciones aleatorias de un vacío cuántico, la inmensa mayoría de ellos incompatibles con la vida. El vacío no sería ausencia pura, sino potencialidad en continuo tanteo.

Según el principio de incertidumbre, la duración de las fluctuaciones es del orden de la constante de Planck dividida por su energía. Si la energía es pequeña, la fluctuación puede tener una vida larga. Aparentemente, podríamos pensar que la energía del universo es tan grande que no es concebible tratarla como una fluctuación cuántica. Sin embargo, es posible que su energía total sea nula, si la energía negativa de la atracción gravitatoria cancela la energía positiva de la expansión y la masa. Si la fluctuación cuántica pudiera deformar suficientemente el espacio-tiempo, se podría dar el caso de que esa deformación aumentara rápidamente, con energía negativa, y que la energía liberada por ella produjera el contenido del espacio-tiempo. De esta manera, la deformación del espacio-tiempo y su contenido material estarían profundamente vinculados, y podrían ir creciendo, cada vez más negativa una y más positiva la otra, y dando lugar a un universo en expansión.

20

CONCIENCIA
Física cuántica, arte y espiritualidad

La física cuántica combina la claridad irrefutable de los resultados prácticos con la constatación de un carácter misterioso, unitario y escurridizo del mundo. Con razón o sin ella, desde el conocimiento, la perplejidad, la retórica, o la pura y simple confusión, la física cuántica es vista como más que una teoría física. Algunos hallan en ella una corroboración de sus intuiciones desde la autoridad de la ciencia; otros escuchan en ella un murmullo balbuceante de una voz amiga que les habla de libertad y de misterio; otros recorren en sus ecos un camino de fusión casi mística con una realidad trascendente y global; otros la ven como un fértil encuentro entre ciencia occidental y espiritualidad oriental. Pocos se sienten rechazados por ella, a diferencia de lo que ocurrió con el racionalismo determinista de la física clásica, que tanto entusiasmó a algunos y tanto agobió a otros.

Los físicos, en general, se sienten incómodos en ese campo de extrapolaciones, interpretaciones y mixtificaciones, en esa turbulencia indomable de credulidades, ilusiones, esperanzas, embaucamientos y pedanterías. Saben que cuando el público interpreta «libertad», «globalidad», «armonía», ellos han dicho, con tanta meticulosidad, precisión y prudencia como han podido, «indeterminismo», «entrelazamiento», «complementariedad». Aun conociendo bien ese riesgo, creo que vale la pena intentar una síntesis de las resonancias culturales, e incluso espirituales, de la física cuántica. Trataremos tres aspectos: la física cuántica como inspiradora del arte y la literatura; como supuesta indagadora de la conciencia y la libertad; o como campo de apertura hacia la mística y la religiosidad.

Se podría tratar, también, la influencia sobre la difusión de la cultura de los dispositivos surgidos de la física cuántica, como los discos compactos, los ordenadores y sus redes sociales, la televisión...: toda una mutación en la sociología de la cultura, decisiva en la formación de una cultura —y una incultura— de masas, e incluso en la elaboración de algunos mitos —los láseres de películas como las de James Bond y *La guerra de las galaxias*, la utilización de hologramas o la teleportación en la ciencia ficción. Pero eso, aunque importantísimo, es básicamente instrumental, y nos apartaría de nuestra indagación centrada en lo que es la mecánica cuántica.

Física cuántica y arte

La física cuántica ha sido una fuente de inspiración para un número considerable de artistas. Salvador Dalí fue uno de los artistas más interesados por la ciencia, más inquietos por las novedades conceptuales que esta abre y vehicula. La relatividad y la física cuántica le interesaron desde su juventud, y fueron fuente de inspiración para él en muchas ocasiones, como se manifiesta en su pintura y en su abundante obra escrita —en catalán, francés y castellano—. Entre los años 1920-1930, su fuente principal de inspiración fue el psicoanálisis, y Freud fue su figura más admirada. En 1945, la explosión de las bombas nucleares cambia su percepción del mundo. Él mismo cuenta esa conversión en *Diario de un genio*, en el «Manifiesto de la antimateria»: «Durante el período surrealista he deseado crear la iconografía del mundo interior, el mundo de lo maravilloso, de mi padre Freud; lo he logrado./ En la actualidad, el mundo exterior —el de la física— ha trascendido al de la psicología. Mi padre, hoy, es el doctor Heisenberg./ Con los pi-mesones y los más gelatinosos e indeterminados neutrinos deseo pintar la belleza de los ángeles y de la realidad. También quisiera lograrlo muy pronto./ Mi ambición, todavía y siempre, consiste en integrar las experiencias del arte moderno a la gran tradición clásica. Las últimas microfísicas de Kevin, Mathiu y Tàpies deben ser nuevamente utilizadas "para pintar", porque son justo lo que era, en su época, la "pincelada" de Velázquez, de quien el sublime poeta, Quevedo, decía ya que pintaba "con manchas y puntos separados"».

Resulta revelador el texto «Com pregar Déu sense creure-hi» (Cómo rezar a Dios sin creer en Él) donde dice: «La explosión atómica del 6 de agosto del 1945 me había estremecido sísmicamente. Desde aquel momento, el átomo fue mi tema de reflexión preferido. Muchos de los paisajes pintados durante ese período expresan el gran miedo que experimenté con la noticia de aquella explosión. Aplicaba mi método paranoico-crítico a la exploración de aquel mundo. Quiero ver y comprender la fuerza y las leyes ocultas de las cosas para apoderarme de ellas. Para penetrar en la médula de la realidad, tengo la intuición genial de que dispongo de un arma extraordinaria, el misticismo, es decir, la intuición profunda de lo que es, la comunión inmediata con el todo, la visión absoluta por gracia de la verdad, por la gracia divina. Más fuerte que los ciclotrones y que los ordenadores cibernéticos, en un instante, puedo penetrar los secretos de la realidad, pero es ante el paisaje de Portlligat donde esta visión resultará certeza y donde todo mi ser abrazará la luz trascendental de este lugar sagrado». Entre otras pinturas de esa época, podemos recordar la «Leda atómica», que vincula la mítica metamorfosis de Zeus en cisne con la nueva metamorfosis del átomo en energía. También representó en algunas ocasiones el característico hongo de las explosiones nucleares, y la belleza equívoca y sombría de su majestuosidad terrorífica. Fue, asimismo, el primer artista conocido en investigar con hologramas, con la ayuda de Denis Gabor, el inventor de esa técnica: en 1974, en una galería de Nueva York, hizo la exposición «La tercera dimensión: primera exposición internacional de hologramas concebida por Dalí»; y al año siguiente ideó dos cronohologramas —hologramas en movimiento— sobre «El cerebro de Alice Cooper» y «Dalí pintando a Gala». Rastrear las referencias a la física cuántica en sus abundantes textos requeriría más espacio del que disponemos aquí.

Antoni Tàpies, pintor profundamente interesado en la materia y con gran curiosidad por el budismo y la espiritualidad oriental en general, manifestó en muchas ocasiones su interés por la física cuántica —por las plenitudes del vacío, por la superación de dualidades—, como vía sorprendente de exploración acerca de la materia, en tono menos retórico, menos vital y más reposado que el de Dalí. En 2009, la artista visual Eugenia Balcells realizó en Barcelona la exposición «Freqüències», en que los espectros atómicos ocupaban un lugar central: sus barras y coloraciones eran el eje de un juego fascinante de colorido; posteriormente, la artista colaboró con químicos en el montaje de una exposición sobre la tabla periódica de los elementos, en que para cada elemento aparecía la parte visible de su espectro de emisión, con resultados muy llamativos.

Física cuántica y literatura

La producción ensayística y de divulgación sobre física cuántica es inmensa, pero en el poco espacio de que disponemos nos centraremos en la presencia de la física cuántica en novelas, en obras de teatro, en poemas. Las arduas y complejas cuestiones morales relacionadas con la bomba atómica y los personajes que las encarnaron, como Oppenheimer en su disputa con Eduard Teller, o Linus Pauling, Bertrand Russell, Niels Bohr, opuestos al desarrollo de esas armas, han inspirado obras que complementan, en su conjunto, las novelas sobre espías dedicados a conseguir los secretos nucleares de las potencias enemigas.

Entre las novelas, podemos mencionar *Las partículas elementales* de Michel Houellebecq, donde uno de los protagonistas forma parte del equipo de Alain Aspect que en París lleva a cabo experimentos sobre la desigualdad de Bell, de que hemos hablado en el capítulo 14. Otras novelas relacionadas con el mundo de las partículas elementales, especialmente en el ambiente internacional del CERN son: *Atlas occidental*, de Del Giudice; *Quantic Love*, de Sonia Fernández Vidal; el best-seller *Ángeles y demonios*, de Dan Brown, en que se contempla la posibilidad de una bomba de antimateria... O los conjuntos de narraciones *Els àngels quàntics* (1994) de Lluís Racionero, o la imaginativa narración *La puerta de los tres cerrojos*, de Sonia Fernández Vidal (2009).

En teatro, podemos mencionar las obras *Los físicos* (1962), de Friedrich Dürrenmat, sobre físicos nucleares confinados en un sanatorio mental por sus reservas éticas frente a la realización de una bomba; *Copenhague* (1998), de Michael Frayn, que se desarrolla alrededor del encuentro de Heisenberg y Bohr en Copenhague, en 1941, durante la ocupación nazi de Dinamarca, y sus discusiones sobre la vida, el poder y la posibilidad de la bomba atómica; *Hapgood* (1988), de Tom Stoppard, sobre dualidades y espionaje; *QED* (1995) de Peter Parnell, un breve repaso dramatizado de la vida de R. P. Feynman, iniciador de la electrodinámica cuántica *(quantum electrodynamics, QED)*, centrado en sus grandes preguntas sobre el mundo; el espectáculo *The ethics of progress* (2012), de Jon Spooner, Chris Thorpe y Clare Duffy se basa en los conceptos de entrelazamiento cuántico, teleportación, dualidad onda partícula; *El temps de Planck*, de Sergi Belbel y Oscar Roig, un juego sobre el concepto del tiempo de Planck en una situación de la vida cotidiana. La película *Y tú qué sabes* (2004), de la Escuela Ramtha de la Iluminación, ha conseguido un número muy grande de espectadores: bien realizada y suficientemente clara en muchos puntos, es, sin embargo, excesivamente subjetivista y deja en el espectador la idea de que él es creador de la realidad, sin mencionar que la observación de un sistema cuántico no crea la realidad que nosotros queremos, sino que da resultados impredecibles e incontrolables.

En poesía, hay asimismo abundantes referencias a la física cuántica. Ello no es de extrañar, porque, como dijo Niels Bohr, «Cuando llegamos a los átomos, solo puede usarse el lenguaje como en poesía». El estudio de D. Albright, *Quantum Poetics: Yeats, Pound, Eliot, and the Science of Modernism*, explora las metáforas científicas en la poesía de la modernidad de esos y otros autores; también Hans Magnus Enzensberger trata este tema, dentro de su interés general por las relaciones entre ciencia y poesía, en el volumen antológico *Los elixires de la ciencia*; *El árbol de Chernobyl*, de Lucila Velásquez, describe brillante y sugestivamente la marcha de la nube radiactiva de la explosión de Chernobyl sobre Europa, combinando expresiones científicas con referencias al mundo del arte y del paisaje, en un libro especialmente sorprendente y hermoso; *El tamaño del universo*, de Ángela Vallvey; *Teoria del strip-tease aleatori*, de Josep Perelló, que está dedicado a caminos aleatorios, el principio de incertidumbre de Heisenberg y la apuesta religiosa de Pascal. Reproduzco aquí uno de mis poemas sobre la cuántica, traducidos al castellano en *Las escrituras del universo* (2005), y titulado «Dualidad onda-corpúsculo»:

Ser o no ser: ¿es esta la cuestión,
o ser y no ser a la vez, serlo todo,
ser a un tiempo todas las respuestas,
todas las posibilidades, todos los caminos,
todas las presencias en todo el espacio?

Ah, ¡qué extraño, qué rico, el mundo,
antes de la pregunta y de la lógica,
antes de la medida y el instrumento,
antes de colapsarse en una sola
presencia definida, antes de ser
respuesta a una pregunta limitada!
Posición, velocidad: esta lluvia
de atributos familiares que la medida
impone a la presencia. Onda, corpúsculo:
maneras como un Ser más profundo
se nos muestra como Ser —¡y tan nuestro
que lo creíamos, tan concreto, tan ajustado
a nuestra forma de percibir!

En la luz, la paradoja y la claridad,
la donación y el desafío,
la conciliación y la antítesis,
la onda y el corpúsculo.

En el libro *Cántico cósmico*, de Ernesto Cardenal, también hay abundantes referencias a la física cuántica; en particular, uno de los largos poemas que componen ese fascinante libro que se titula precisamente «Cántico cuántico»:

...
«la palabra realidad no es utilizable para las partículas».
En principio no hay el vacío absoluto.
O un vacío absoluto en todos los sentidos.

El electrón puede no haber salido de ninguna parte
Pero dejó algo en la nada de donde salió.
Una especie de hueco en el vacío, o invisible burbuja de la nada.
...
La gravedad es el espacio-tiempo curvado, enrevesado,
Y al mismo tiempo el espacio-tiempo tiene estructura de espuma
Y se desvanece como espuma sobre la arena.
...
La materia aparece cada vez menos materialista.
«El fuerte aroma místico de la nueva física» (P. Davies).
O al menos el materialismo cuántico es cada vez más fantasmagórico.
¡Las partículas cuánticas sub-atómicas son tan ilógicas!

El lector que se haya detenido en el capítulo 17, sobre el vacío cuántico, o el capítulo 19, sobre cosmología, habrá encontrado ya la alusión a la posible estructura espumosa de un espacio-tiempo fluctuante mencionada en estos versos.

Física cuántica, conciencia y mística

En algunas ocasiones se ha intentado relacionar las bases físicas de la conciencia con la física cuántica, como hemos comentado en el capítulo 10, y el indeterminismo cuántico con la libertad, como hemos dicho en el capítulo 12. No volveremos aquí a hablar de la conciencia en ese sentido, sino en el sentido de visión del mundo, de lucidez ante el mundo y de nuestro lugar en él. En ese sentido, toda ciencia profunda puede ayudar a enriquecer la conciencia sobre la realidad, sea de forma analítica y crítica o, en las personas propensas a ello, a través de una vertiente mística, de fusión unitiva con el mundo a través de esa conciencia.

En ese sentido, la ciencia puede tener una dimensión de religiosidad —como lo reconoció Einstein en algunos hermosos párrafos de sus conferencias— en el doble sentido etimológico de releer —*re-legere*— la realidad y de religarse —*religare*— a ella. La matemática pitagórica va más allá de la geometría y se adentra en la posible esencia divina subyacente a la realidad sensible. La física newtoniana, situándonos en un sistema planetario inteligible y lógico, nos une a él a través de la razón; lo mismo ocurre con la teoría electromagnética de la luz, que nos enfrenta a una realidad que desborda tan ampliamente lo visible, o con la evolución biológica, que nos sume en el flujo de un tiempo que nos une a todas las especies, o con la biología molecular, que nos hace saber que compartimos una lógica genética con los otros seres vivos.

En el caso de la física cuántica, las consideraciones sobre su posible impulso místico han sido más intensas que en las teorías que acabo de mencionar. Ello se debe a su sensación de sorpresa ante la realidad, de superación de las dualidades para entrar en una complementariedad, de sentido global, holístico, de la realidad, con su sorprendente superación de la localidad, y la participación holográfica de cada parte en la realidad global. Pero en el caso de la física cuántica hay un elemento añadido que ha contribuido a popularizar esa dimensión: algunos paralelismos con la visión del mundo de las sabidurías y religiones orientales.

Fritzjof Capra, en *El Tao de la Física* (1975), Gary Zukav en *The dance of the Wu Li Masters* (1979), el Dalai Lama en *El universo en un solo átomo: cómo la unión entre ciencia y espiritualidad puede salvar el mundo* (2005), Vic Mansfield, en *Tibetan Buddhism and Modern Physics: toward a union of love and knowledge* (2008) y otros autores, en una tradición emergente de budismo cuántico —o, mejor dicho, de física cuántica interpelando al budismo— han subrayado analogías seductoras entre algunos aspectos de la física cuántica y la visión oriental del universo, que posteriormente se ha ido ampliando al campo de la biología y de las tradiciones místicas de occidente. En la visión cuántica de la realidad, una partícula, mientras no es observada, estaría simultáneamente en todas las posiciones y tendría todas las velocidades. Solo al observar su posición pasaría a estar en una posición concreta, después de colapsarse su función de onda. Si consideramos que la realidad auténtica es como esta partícula no observada, danzando simultáneamente en todas las velocidades y posiciones, podríamos decir que una partícula en una posición concreta o de un universo en un estado dado sería una visión engañosa de la realidad, la cual es básicamente inasible, fluidamente cambiante. Además, las espiritualidades orientales atribuyen un papel importante al vacío dinámico, al *sunyata*; en ellas, la realidad física del mundo es, sobre todo, ilusión, engaño sensorial, y la realidad auténtica es la negación, el vacío, el despojamiento. Llegar a liberarse del yo es la culminación de la historia de cada humano. El vacío cuántico, pletórico de actividad y posibilidades, constituye un atractivo paralelismo para el *sunyata*, al menos en apariencia.

Los estados sorprendentes de la materia han suscitado asimismo el interés en la perspectiva de los estados de la meditación, en la tradición contemplativa. Maharishi Mahesh Yogui, por ejemplo, ha buscado analogías entre el estado mental al que uno llega en la meditación y el estado fundamental de un superconductor: es decir, un estado coherente, global, sincronizado, en que todo el interior es resonancia consigo mismo. El paradigma holográfico —global, pero con la globalidad reflejada en cada una de sus partes— ha sido también tema de interesante discusión entre David Bohm y Krishnamurti. La intimidad entre sujeto y objeto, entre mente y materia, entre el todo y sus partes, constituye ciertamente un campo de reflexión —no estrictamente científico, sino contemplativo y filosófico—. Desgraciadamente, en muchas ocasiones se presenta la física cuántica como una demostración definitiva e incontrovertible de esas intuiciones, convirtiéndola en una pieza de un dogmatismo más. Es conveniente, creo, tener el valor de reflexionar sobre analogías seductoras, pero sin buscar en ellas demostraciones de otros órdenes de realidad.

En el contexto teológico cristiano, la lógica cuántica puede resultar útil como ejemplo de una razón diferente de la nuestra, y más potente que la nuestra y con la cual, sin embargo, podemos dialogar mediante nuestra razón. La lógica cuántica, superadora de dualidades, ¿podría ayudarnos a reflexionar sobre las dualidades aparentemente irreconciliables entre un Dios bueno y todopoderoso pero que consiente el mal? ¿O entre un Dios omnisciente y la libertad humana? Cuestiones sobre la ontología, la teoría del conocimiento y la biología sugeridas por la física cuántica han sido elaboradas en este contexto por Gennaro Auletta.

Esas consideraciones, en conjunto, son interesantes, en cuanto estimulan el diálogo entre un cierto espíritu sintético oriental y analítico occidental —suponiendo que la simplificación drástica y simplista de esos términos tenga algún valor—. Sin embargo, utilizar la física cuántica para subestimar la importancia de la tradición analítica del pensamiento occidental lleva a engaño. En efecto, si consideramos seriamente que el mundo es una ilusión, podríamos dejar aquí nuestra exploración. ¿Para qué dedicar, si no, tanto esfuerzo a las sutilezas de la geometría, al número de dimensiones, a las simetrías perfectas o rotas, a los números que rigen con tanta precisión un mundo de sueños? La física cuántica invita a la exploración, la inquietud y la sorpresa, es un camino abierto y no, por ahora, un punto de llegada.

CONCLUSIÓN
La física cuántica y la estructura del mundo

Quince ideas

Hemos terminado un largo viaje por aspectos muy diversos de la física cuántica. Es hora de recapitular las cuestiones más relevantes, antes de despedirse. Una manera de hacerlo es releer las diez ideas —cinco para cada parte del libro— que propusimos como punto de partida y guía de la lectura, y que repetimos aquí para comodidad del lector. Ahora, deberíamos estar más familiarizados con ellas, con sus matices, su significado, sus aplicaciones, su historia.

En la primera parte, hemos destacado las siguientes ideas esenciales del formalismo de la física cuántica, y las numerosas aplicaciones a que da lugar:

1) Las ondas tienen asociados aspectos corpusculares: intercambian su energía en múltiplos de un cuanto de energía dado por la constante de Planck multiplicada por la frecuencia de la onda. Las partículas tienen asociados aspectos ondulatorios, caracterizados por una longitud de onda dada por la constante de Planck dividida por la cantidad de movimiento (que es la masa multiplicada por la velocidad). La constante de Planck, pues, juega un papel central en la física cuántica. Si fuera nula, prácticamente todos los aspectos cuánticos desaparecerían.

2) En los sistemas físicos confinados en un espacio finito la energía, velocidad lineal, velocidad angular, momento magnético y otras magnitudes no pueden tener valores arbitrarios, sino cuantizados.

3) Al pasar de un nivel energético a otro, los sistemas emiten —o absorben— un cuanto de radiación, cuya frecuencia característica viene dada por la diferencia de energías dividida por la constante de Planck. Ello ocurre, por ejemplo, con los electrones en los átomos, con los protones y neutrones en los núcleos atómicos, con los electrones y agujeros en los semiconductores, con los imanes en un campo magnético.

4) Las ondas asociadas a las diversas partículas de un sistema interfieren entre sí y, a bajas temperaturas, pueden dar al sistema un comportamiento coherente —unísono, organizado, reforzado— de todas sus partes, que anulan su resistencia a los movimientos internos y le proporcionan una conductividad eléctrica o térmica extraordinariamente elevada.

5) Los efectos anteriores permiten comprender la estructura de átomos, núcleos atómicos y moléculas y las relaciones entre partículas elementales y son la base de una riquísima tecnología con un alto impacto social: electrónica en general (radios, televisores, ordenadores, teléfonos móviles), láseres, cámaras digitales, células fotoeléctricas, células fotovoltaicas, diodos emisores de luz, superconductores, discos compactos CD, DVD y Blu Ray, fibras ópticas, centrales nucleares, armas nucleares, radioterapia, resonancia magnética nuclear...

En la segunda parte, nos hemos referido a cinco conceptos sorprendentes pero esenciales de la física cuántica, sin los cuales no sabríamos interpretar las manipulaciones operacionales efectuadas a partir del formalismo de la primera parte:

6) Partículas y ondas no son los entes físicos más profundos, sino maneras complementarias de manifestarse una realidad más profunda todavía, según el tipo de situación física que se está tratando (principio de complementariedad).

7) No es posible conocer simultáneamente y con precisión arbitrariamente elevada la posición y la cantidad de movimiento (masa por velocidad) de una partícula, o de algunos otros pares de variables (principio de incertidumbre). Por ello, en los sistemas cuánticos, solo es posible una descripción estadística, cuya distribución de probabilidad está dada por la función de onda. La forma de la función de onda y su evolución temporal están regidas por la ecuación de Schrödinger.

8) Las condiciones físicas de un sistema especifican el conjunto de valores que se puede obtener al medir sus magnitudes. Sin embargo, el valor concreto que se obtendrá en una medición concreta es aleatorio, impredecible, radicalmente indeterminado (principio de indeterminación). En la física cuántica, el futuro no está predeterminado por el presente, a diferencia del determinismo de la física clásica.

9) Cuando no son observados, los sistemas cuánticos se hallan simultáneamente en todos sus estados compatibles con la situación física considerada (superposición). Al efectuar una medición, se colapsa la función de onda y el sistema pasa a estar en un solo estado —o en un subconjunto de estados compatibles con la medición—. Ello da a la física cuántica una lógica diferente de la habitual, en

que son compatibles, por ejemplo, la validez simultánea de dos estados clásicamente incompatibles —por ejemplo, afirmación y negación, A y no A—. Esa lógica, y la capacidad de efectuar simultáneamente muchas operaciones diversas, otorga a la física cuántica una gran potencia computacional.

10) Cuando dos sistemas cuánticos tienen un origen común, sus funciones de onda quedan entrelazadas en una sola función de onda por mucho que se separen. Eso hace que al observar uno de los sistemas, la observación afecte simultáneamente al otro, por lejos que esté, ya que se produce el colapso de la función de onda entrelazada común, y no tan solo el de la función de onda del sistema medido. La realidad cuántica es global.

Ahora, podemos añadir a esta lista cinco comentarios más, relacionados con el papel de la física cuántica en la lógica del mundo. Cuando partimos del orden preciso y elegante de la física clásica y nos adentramos en la incertidumbre y la indeterminación de la física cuántica sentimos a veces un cierto desasosiego einsteiniano, y la tentación de pensar que la física cuántica es un barrio lujoso y sofisticado de la metrópolis clásica, una ampliación hermosa y algo vaporosa del núcleo de la física, pero no su centro. Contemplamos el orden planetario, el giro solemne de las galaxias, la silenciosa y velocísima marcha de la luz, la turbulencia de los vientos y las nubes, el ritmo de las mareas, la fuerza de las corrientes marinas y de la deriva de los continentes: todo un mundo —parece— que podría existir sin la física cuántica, y para el cual la física cuántica resulta aparentemente irrelevante.

Pero no es así: la física cuántica es mucho más que una ampliación o una corrección a la física clásica, es una de las bases de nuestra realidad. La física cuántica nos ilumina sobre la consistencia lógica de constituyentes básicos del universo que, sin ella, parecen veleidades superfluas en la arquitectura del mundo; además, juega un papel decisivo sobre las posibilidades de existencia de niveles más complejos de la realidad con cualidades emergentes, que quedarían truncadas sin la física cuántica:

11) La existencia de la antimateria es, conceptualmente, una consecuencia de la compatibilidad entre física cuántica y relatividad especial —en la física clásica, la antimateria no estaría necesariamente prohibida, pero parecería un capricho sin lógica ni necesidad. La física cuántica nos ilumina también sobre la lógica subyacente a un segundo exceso de la realidad: la existencia de tres generaciones de quarks y leptones, en tanto que la realidad que conocemos está formada tan solo por una generación —la más ligera— de esas partículas —a saber: protones y neutrones, constituidos por quarks *u* y *d*, electrones y neutrinos, y fotones—. La física cuántica concluye que con menos de tres generaciones de quarks y leptones, no se habría roto la simetría entre materia y antimateria y el universo sería tan solo de luz. Así, la segunda y tercera generaciones de quarks no son, tampoco, una veleidad superflua, sino un constituyente lógico del mundo. La física cuántica sugiere todavía un tercer exceso: la supersimetría, que haría corresponder a cada partícula elemental de la materia (fermiónica, de espín semientero) la existencia de una partícula bosónica (de espín entero, como las que actúan como intermediarias de las interacciones) y viceversa. Esa simetría en el espejo de los espines —para decirlo con términos evocadores— mitigaría el valor abrumadoramente excesivo de las predicciones cuánticas actuales sobre la energía del vacío. La supersimetría está en la base de las teorías de supercuerdas, y las

partículas supersimétricas —buscadas con ahínco en el CERN— podrían ser tal vez los constituyentes de la materia oscura.

12) La unificación de las cuatro interacciones conocidas es uno de los objetivos más ambiciosos de la física; para ello, la gravitación —geometría del espacio-tiempo, según la relatividad general— debería combinarse satisfactoriamente con la física cuántica, ya que esta es un ingrediente capital en la descripción de las otras fuerzas. Ello requiere —al menos en lo que sabemos hoy— postular que el espacio tiene nueve —o diez— dimensiones en lugar de tres, y que las seis dimensiones adicionales están compactadas en un espacio de tamaño diminuto, cuya geometría regula las interacciones del espacio desplegado en que vivimos. La consistencia entre la física cuántica y la relatividad general podría requerir, pues, dimensiones adicionales de la realidad, en forma análoga a como la consistencia entre la física cuántica y la relatividad especial requiere la existencia de antimateria.

13) A diferencia del vacío clásico, que es ausencia pura, el vacío cuántico es incesante actividad, consistente básicamente en la aparición y desaparición de pares de partículas y antipartículas durante tiempos brevísimos. No es impensable que un vacío cuántico espumoso primordial, en que el espacio y el tiempo también fluctuaran, pudiera ser el origen de una multitud de universos a partir de sus fluctuaciones. Pero las teorías actuales predicen un valor exagerado para la energía del vacío cuántico que, si fuera cierto, habría provocado una expansión mucho más rápida que la que conocemos, y no habría dejado que se formaran galaxias. Como el vacío es el constituyente predominante del universo, su entidad física resulta de im-

portancia capital para la estructura del mundo y es, tal vez, el máximo problema actual de la física.

14) Si los aspectos cuánticos desaparecieran, si la constante de Planck fuera nula, el universo —suponiendo que existiera— contendría tan solo hidrógeno y helio, en el mejor de los casos, pero no elementos más pesados, y los átomos no existirían, ya que los electrones caerían a los núcleos después de girar brevísimamente a su alrededor. La realidad física no superaría el nivel elemental y no se abriría al desbordamiento de lo complejo.

15) Para algunos autores, el universo podría ser considerado como un inmenso ordenador cuántico, en que el trasfondo microscópico podría procesar la información en que se basa la existencia y el funcionamiento de los sucesivos niveles emergentes de la realidad —partículas elementales, átomos, moléculas, células, organismos... Por ejemplo, sin las arquitecturas moleculares cuánticas, empezando por la del agua, o sin el efecto túnel cuántico, muchas reacciones químicas se detendrían o serían mucho más lentas, y la realidad microscópica no podría dar emergencia a un nivel macroscópico de realidad capaz de contener la vida. Igualmente, a escala muy microscópica, la física cuántica confiere nuevas potencialidades a la tecnología, no solo por la mayor densidad de operaciones que se pueden realizar, por unidad de tiempo y de volumen, sino también por la posibilidad de llevar muchas de ellas a cabo siguiendo estrategias cuánticas que, basadas en la superposición simultánea, permitirían una gran eficacia.

Con estas quince ideas, el lector tiene tema abundante para reflexionar y profundizar, para acudir a otras fuentes y otras opiniones, siguiendo los caminos de su curiosidad. Deseamos que esta sea viva, saludable, perseverante y abierta, y le resulte una fuente de satisfacciones que, en algunos instantes, le llenen del placer de haber comprendido algo largamente deseado.

GLOSARIO
Sesenta términos de la física cuántica

En el texto precedente, he intentado resumir la física cuántica en quince ideas. En el glosario que sigue, la intento resumir en sesenta términos. A veces conviene relajarse de la línea argumental o histórica y entrar en contacto directo con algunas palabras clave del tema que estamos considerando. Por eso, aunque habitualmente los glosarios son apéndices meramente auxiliares, he procurado dejarme llevar aquí por una cierta pasión por la terminología, moderada por la limitación de espacio: las palabras como vehículo de conocimiento, como espejo de dudas y vacilaciones, como anzuelos lanzados a las aguas turbulentas y oscuras de la curiosidad para pescar, tal vez, algún destello de agitada luz. Uno de los atractivos de la terminología consiste en las definiciones precisas, concisas y rigurosas, pero no he optado aquí por la concisión, sino que he aprovechado para comentar relaciones entre conceptos que tal vez no habían quedado suficientemente claras o explícitas en el texto principal. Quizás a través de alguna de esas explicaciones, el lector advierta o comprenda detalles que se le habían escapado en la lectura anterior.

Agujero: En un semiconductor, un agujero es el hueco dejado en la banda de valencia —electrones sedentarios— por un electrón que ha escapado de ella y ha pasado a la banda de conducción —electrones nómadas—, y se comporta como una carga eléctrica positiva, que contribuye al transporte de electricidad. Al encontrarse un agujero de la banda de valencia y un electrón de la banda de conducción, el electrón puede caer de nuevo al agujero —en otros términos, puede recombinarse con el agujero— y emitir un fotón.

Antimateria: Entidad física que, al entrar en contacto con la materia, convierte toda su masa —y la de la materia correspondiente— en radiación electromagnética. La antimateria está compuesta por antielectrones, antiprotones, antineutrones, etc., de modo que a cada tipo de partícula le corresponde una antipartícula. En principio, se debería esperar que hubiera habido una simetría perfecta entre materia y antimateria en los momentos iniciales del universo, lo cual hubiera supuesto que el universo estaría formado actualmente solo por luz, sin ninguna materia. Uno de los retos actuales de la física es averiguar los mecanismos de la ruptura de la simetría entre materia y antimateria.

Antipartícula: Una partícula es antipartícula de otra cuando se da la condición de que, si entran en contacto, desaparecen ambas, transformándose en radiación. Partícula y antipartícula tienen la misma masa y espín, y cargas eléctricas de igual valor absoluto pero de signos opuestos. Se toma como partícula la especie más abundante y como antipartícula la menos abundante —por ejemplo, el electrón se considera partícula y el antielectrón antipartícula—.

Bosones: Partículas que pueden acumularse en gran cantidad en un mismo estado cuántico. Su espín es entero y su nombre procede del hecho de que obedecen la estadística de Bose-Einstein.

Carga: Se denomina carga a una propiedad física de las partículas que les confiere una determinada capacidad de interacción con otras partículas. La carga eléctrica puede tener dos signos, positivo o negativo, y es la base de la interacción electromagnética. La carga de color puede tener tres signos, denominados convencionalmente azul, verde y rojo, y es la base de la interacción nuclear fuerte. En cierto modo, podría considerarse que la carga gravitatoria es la masa, que solo puede ser positiva —aunque en relatividad general la gravitación no es propiamente una fuerza sino una geometría—.

Célula fotovoltaica: Dispositivo en que la radiación electromagnética incide sobre un semiconductor y hace pasar electrones de la banda de valencia a la banda de conducción. Dichos electrones y sus agujeros correspondientes en la banda de valencia se ponen en movimiento en direcciones opuestas, movidos por una diferencia de potencial, dando una corriente eléctrica.

Colapso de la función de onda: Mientras no es observado, la función de onda de un sistema cuántico está compuesta por una serie de sumandos correspondientes a diversos estados propios del sistema, y el sistema se halla simultáneamente en todos esos estados. Al efectuar una observación, se anulan bruscamente todos los sumandos menos uno —o menos unos pocos— y el sistema pasa a estar tan solo en ese estado. Este proceso —no descrito por la ecuación de Schrödinger— es la parte propiamente indeterminista de la física cuántica.

Condensación de Bose-Einstein: Fenómeno en que muchas partículas —de espín entero— pasan a formar parte de un mismo estado cuántico y actúan de forma global y coherente, pese a que no interaccionan directamente, sino tan solo por efectos puramente cuánticos de interferencia constructiva de sus ondas de De Broglie.

Constante de Planck: Constante esencial de la física cuántica, designada con la letra h, que vincula aspectos corpusculares —energía E, cantidad de movimiento mv— con aspectos ondulatorios —frecuencia f, longitud de onda λ— mediante las relaciones $E = hf$ y $\lambda = h/mv$. Además, limita la precisión con que se puede conocer simultáneamente la velocidad y la posición, según el principio de indeterminación. Es una de las constantes físicas fundamentales de la naturaleza, y pequeños cambios de su valor conducirían a un universo completamente diferente al nuestro, y sin vida. En muchas ocasiones se utiliza la constante de Planck reducida, que es la constante de Planck dividida por 2π.

Cuanto: Nombre dado por Max Planck, en diciembre de 1900, a la cantidad elemental de energía intercambiable entre radiación electromagnética y materia; dicha energía solo se puede intercambiar en múltiplos de esa cantidad, dada por hf, siendo h la constante de Planck y f la frecuencia de la radiación. Esa denominación, que expresa el carácter discreto del intercambio, es el origen del nombre de la física cuántica.

Decoherencia de la función de onda: Pérdida de una relación bien definida entre las fases de los diversos sumandos que componen la función de onda de un sistema cuántico. Ello difumina los efectos ondulatorios de interferencia característicamente cuánticos y hace que el sistema se comporte como un sistema clásico.

Desexcitación estimulada: Un átomo excitado —con un electrón en un nivel de energía superior al que le corresponde— se puede desexcitar de dos maneras: espontánea —proceso radicalmente aleatorio— o estimulada —por la proximidad de un fotón de la frecuencia adecuada—; en este último caso, el fotón liberado al caer el electrón a un nivel de menos energía se suma constructivamente con el fotón inicial. Este fenómeno es el fundamento del láser.

Desigualdades de Bell: Desigualdades entre ciertas combinaciones de medidas de dos sistemas entrelazados —por ejemplo, dos fotones emitidos en una desexcitación atómica—, que permiten discernir si los sistemas tenían un valor concreto de una cierta magnitud física —por ejemplo, la polarización de los fotones— antes de la medición, o bien si adquieren dicho valor en el acto de la medición.

Diodo: Dispositivo electrónico que solo deja pasar corriente eléctrica en un sentido, pero no en el otro. En algunos casos, al recombinarse electrones y agujeros, los diodos de semiconductores pueden emitir luz, siendo ello la base de los diodos emisores de luz o LED *(Light emitting diodes)*.

Dipolo magnético: En principio, un dipolo magnético es un imán, con su polo positivo y negativo. Pero ese concepto se suele utilizar para referirse a imanes microscópicos, constituidos por un electrón, un neutrón, un protón o un átomo, que son la base del magnetismo macroscópico de los materiales.

Dualidad partícula-onda: Las ondas tienen asociados aspectos corpusculares —las ondas electromagnéticas tienen asociados fotones— y los corpúsculos aspectos ondulatorios —los electrones se comportan como ondas en experimentos de doble rendija o en la difracción contra un cristal—. Clásicamente, sin embargo, partículas y ondas son entidades contrapuestas: las ondas son extensas y pueden coexistir varias de ellas en un mismo espacio; en cambio, las partículas están localizadas y en un punto del espacio solo puede haber una o ninguna partícula.

Ecuación de Einstein-Planck: Relación $E = hf$ entre la energía E de un cuanto y la frecuencia f de la onda, siendo h la constante de Planck. A veces se denomina relación de Einstein-Planck-Bohr, cuando se refiere a la frecuencia de la radiación emitida por un sistema al pasar desde un nivel de una cierta energía inicial E_{in} a un nivel de energía final E_{fin} como $E_{in} - E_{fin} = hf$.

Ecuación de Schrödinger: Ecuación central de la física cuántica, que rige la forma y evolución de la función de onda de los sistemas cuánticos. Dados los constituyentes de un sistema —por ejemplo, un núcleo positivo y diversos electrones negativos de un átomo— y sus interacciones —en el caso citado, la interacción electrostática—, y las condiciones de contorno —en el caso citado, la presencia o no de un campo eléctrico o magnético exterior—, dicha ecuación especifica los valores posibles de la energía —y de otras magnitudes— y las funciones que describen los estados cuánticos correspondientes a dichos valores.

Efecto túnel: Paso de una partícula —o un sistema— a través de una barrera de energía potencial que no podría cruzar en la física clásica —ya que implica valores imaginarios para la velocidad—. El efecto túnel permite la desintegración alfa, aumenta el ritmo de muchas reacciones químicas o nucleares, y es la base del microscopio de efecto túnel, que permite observar una superficie átomo a átomo.

Electrónica: Ciencia y tecnología basadas en el control preciso de los flujos de electrones en dispositivos diversos, mediante rectificación, amplificación, y conmutación. Actualmente se está desarrollando la espintrónica, que pretende aprovechar no solo el flujo de carga eléctrica de los electrones, sino también su flujo de imantación, ya que cada electrón, como consecuencia de su espín, actúa también como dipolo magnético y no solo como carga eléctrica.

Electronvoltio: Energía ganada por un electrón al ser acelerado por una diferencia de potencial de un voltio; se expresa por el símbolo eV. Los eV son una buena unidad para las energías atómicas y moleculares, pero las energías nucleares son del orden de los MeV (megaelectronvoltios o millones de voltios), y las energías conseguidas en los aceleradores de partículas son del orden de GeV (gigaelectronvoltios, mil millones de eV) o incluso de TeV (teraelectronvoltios, un billón de eV).

Enlace molecular: Unión entre átomos mediante órbitas conjuntas compartidas de algunos de sus electrones. La energía y la geometría de los enlaces juegan un papel decisivo en la arquitectura molecular y las reacciones químicas.

Entrelazamiento: Dos sistemas con un origen común —por ejemplo, dos fotones emitidos por un átomo en una desexcitación, o dos electrones emitidos por un núcleo en una desintegración beta doble— comparten una función de onda común, por mucho que se alejen el uno del otro. Al observar uno de los sistemas, se colapsa la función de onda común y el otro sistema queda afectado instantáneamente.

Espín: Propiedad cuántica de las partículas, asimilable a una rotación intrínseca e incesante sobre sí mismas, caracterizada por valores enteros (0, 1, 2) o semienteros (1/2, 3/2, 5/2). Pero el espín es más sutil que una simple rotación: determina, por ejemplo, el comportamiento colectivo de las partículas, ya que las de espín semientero se comportan como fermiones y las de espín entero como bosones. Además, el espín confiere a las partículas un dipolo magnético, esencial en el estudio del magnetismo y de la resonancia magnética nuclear.

Fase: Es el ángulo que caracteriza la inclinación con que una onda pasa por el origen —o por cualquier otro punto fijo dado— en un momento dado. Para que dos ondas interfieran de manera observable, las diferencias entre sus fases respectivas deben ser constantes; del valor de la diferencia de fases depende que dos ondas interfieran constructivamente o destructivamente.

Fermiones: Partículas que no pueden coexistir en un mismo estado cuántico —en otros términos, que satisfacen el principio de exclusión de Pauli—. Tienen espín semientero y su nombre procede del hecho de que obedecen la estadística de Fermi-Dirac.

Fisión nuclear: Proceso en que un núcleo atómico grande se rompe en dos o más núcleos intermedios, y en algunos neutrones, liberando energía. En algunas ocasiones, este proceso puede desencadenar una reacción en cadena, que puede ser la base de una central energética o de una bomba nuclear.

Fluctuaciones del vacío: Conjunto de apariciones y desapariciones de pares de partículas y antipartículas —y tal vez, conjunto dinámico de deformaciones del espacio-tiempo a muy pequeña escala—, como consecuencia del principio de indeterminación de Heisenberg.

Fotones: Cuantos de la interacción electromagnética, que rigen el intercambio y propagación de la energía de las ondas electromagnéticas: la energía de un cuanto vale hf, siendo h la constante de Planck y f la frecuencia de la radiación.

Función de onda: Función característica de los sistemas cuánticos, cuyo cuadrado —de hecho, el cuadrado de su módulo, ya que es una función de números complejos— da la probabilidad de hallar el sistema en un cierto estado al efectuar una cierta observación del mismo.

Fusión nuclear: Proceso en que dos o más núcleos ligeros se unen mediante la fuerza nuclear fuerte y dan lugar a un núcleo mayor. Ese proceso ha conducido desde el núcleo más simple —el de hidrógeno— a la diversidad de núcleos atómicos, formados por fusión nuclear en las estrellas —hasta el núcleo de hierro— o en las explosiones de supernovas con que terminan algunas estrellas —núcleos de masa superior a la del núcleo de hierro—.

Gluones: Partículas de espín uno y masa cero que transmiten la interacción nuclear fuerte entre las cargas de color de los quarks; los gluones interaccionan fuertemente entre sí, lo cual conlleva que la intensidad de la interacción que transportan crece con la distancia, en lugar de decrecer con ella.

Gravitones: Cuantos hipotéticos asociados a las ondas gravitatorias de manera análoga a como los fotones están asociados a las ondas electromagnéticas —o los fonones a las ondas elásticas, los magnones a ondas de imantación y los rotones a ondas de vorticidad en los superfluidos—.

Indeterminismo: El indeterminismo consiste en que el futuro no está unívocamente decidido por el estado presente de las cosas. La física clásica es determinista: conocidos los valores iniciales de las posiciones y las velocidades y las fuerzas en función de posiciones y velocidades, el estado futuro del sistema queda determinado. La física cuántica es en parte determinista —mientras el sistema no es observado su función de onda evoluciona según la ecuación de Schrödinger, que es determinista—, y en parte indeterminista —cuando se efectúa una observación, el colapso de la función de onda es radicalmente indeterminista—.

Interferencia: Propiedad de las ondas que ocupan simultáneamente una misma región del espacio, que al sumar sus valores respectivos amplifican o reducen su valor total en diversas zonas. La interferencia de las ondas cuánticas se pone de manifiesto, por ejemplo, en el comportamiento de partículas lanzadas contra una doble rendija, y que, tras haber atravesado las rendijas, se distribuyen en la pantalla detectora posterior en franjas alternas de alta densidad y baja densidad de partículas, tal como ocurre con las ondas de luz en un experimento análogo con dos rendijas.

Láser: Dispositivo típico de la óptica cuántica en que, a causa de la desexcitación estimulada de átomos previamente excitados, se emite un gran número de fotones en fase, que se suman constructivamente.

Leptones: Partículas elementales que no experimentan la interacción nuclear fuerte —en otras palabras, que carecen de carga de color—. Son el electrón, el muón, el tauón y sus respectivos neutrinos —electrónico, muónico, tauónico—.

Longitud de Planck: Longitud por debajo de la cual la gravitación exhibe efectos cuánticos. Dicha longitud está relacionada con G, c y h —constantes de la gravitación, velocidad de la luz y constante de Planck— como la raíz cuadrada de $hG/2\pi c^3$, y vale unos 10^{-35} metros.

Materia: Constituyente del universo físico dotado de masa. La materia que nos rodea y nos constituye está formada por protones, neutrones y electrones, que son tan solo la parte estable de un conjunto de muchas más posibilidades de materia, constituidas por combinaciones de quarks y leptones. Pero la materia conocida es tan solo un cuatro por ciento del contenido del universo; otro veintiséis por ciento —aproximadamente— corresponde a materia oscura, y el setenta por ciento restante a energía oscura. Por ahora, los constituyentes de materia oscura y energía oscura son desconocidos, aunque la energía oscura podría estar relacionada con el vacío cuántico.

Niveles de energía: Valores que puede tener la energía de un sistema cuántico, y estados cuánticos correspondientes a dichos valores. Cuanto menores son los sistemas, más separados están los valores de sus niveles de energía —por ejemplo, en los núcleos atómicos los valores de las energías posibles de los protones y neutrones están mucho más separados que los de las energías posibles de los electrones en los átomos—. En cambio, en sistemas grandes —por ejemplo, metales, semiconductores— los niveles están muy próximos y se agrupan en bandas —colecciones de niveles de energías muy próximas las unas a las otras, como la banda de valencia y la banda de conducción en semiconductores—.

Números cuánticos: Son números que caracterizan el estado de un sistema cuántico; en particular, los estados cuánticos de los electrones en un átomo están caracterizados por cuatro números cuánticos: principal n, orbital l, magnético m_z y espín s. El primero caracteriza la energía del electrón en ausencia de campos magnéticos y eléctricos exteriores; los otros números están relacionados con otras características de las órbitas electrónicas y se ponen de manifiesto en presencia de campos exteriores.

Onda de De Broglie: Onda asociada a una partícula en movimiento; su longitud de onda λ viene dada por la ecuación de De Broglie $\lambda = h/(mv)$, con h la constante de Planck, m la masa de la partícula y v la velocidad de la partícula.

Principio de complementariedad: Principio que establece que partículas y ondas no son entidades mutuamente incompatibles, sino manifestaciones complementarias de una realidad de fondo —la luz se puede manifestar como ondas o como partículas, los electrones, protones, neutrones, etc., se pueden manifestar como partículas o como ondas—. Que se presenten de forma ondulatoria o corpuscular depende del tipo de observación; como el tipo de observación depende del observador, también se dice que objeto y observador son complementarios. Ese principio fue propuesto por Bohr en 1927, y juega un papel fundamental en la estructura conceptual de la física cuántica, diferente de la de la física clásica, en que la luz era considerada una onda y los electrones, protones, etc., eran considerados partículas.

Principio de exclusión: Principio —propuesto por Pauli en 1925— según el cual las partículas de espín semientero no pueden ocupar colectivamente un mismo estado cuántico, sino solo puede haber una partícula en cada estado —los electrones en los átomos y en los metales, los protones y neutrones en los núcleos—.

Principio de incertidumbre (o de indeterminación): Principio que establece que no es posible conocer simultáneamente y con precisión absoluta ciertos pares de magnitudes, especialmente la posición y velocidad, o la energía y el tiempo. La forma más conocida del principio de incertidumbre establece que $\Delta x\ \Delta(mv) > h/2$, donde Δx es la incertidumbre en la posición x, $\Delta (mv)$ la incertidumbre en la cantidad de movimiento —m es la masa de la partícula y v su velocidad— y h la constante de Planck. Cuanto más pequeña se hace una incertidumbre, más crece la otra. Ese principio se llama también principio de indeterminación, ya que implica que el determinismo newtoniano —que exige el conocimiento preciso y simultáneo de posición y velocidad— no puede ser cierto a escala microscópica, pero es una buena aproximación a escala macroscópica, cuando las masas de las partículas son grandes. Fue formulado por Heisenberg en 1926, y es una de las piezas conceptuales básicas de la física cuántica.

Quarks: Partículas elementales que sí experimentan interacción nuclear fuerte —en otras palabras, que tienen carga de color, además de carga eléctrica—. Son las partículas *u*, *d*, *s*, *c*, *t* y *b*. Los quarks se agrupan en combinaciones neutras respecto a la carga de color, es decir, de tres en tres, dando bariones —como por ejemplo el protón y el neutrón— o de dos en dos, dando mesones —como por ejemplo los piones o los kaones, inestables—. Los quarks tienen carga eléctrica fraccionaria, igual a un tercio o dos tercios de la carga del electrón.

Qubit: Unidad cuántica de información. A diferencia de los bits de la teoría clásica de la información, que solo pueden estar en estado 0 o 1, los qubits están simultáneamente en los estados 0 y 1 —de hecho, están en toda una esfera de posibilidades, ya que son números complejos— como consecuencia de la superposición cuántica. Ello permite efectuar simultáneamente un número inmenso de operaciones, que en el marco clásico se hubieran debido efectuar una tras otra.

Radiación de Hawking: Conjunto de partículas y radiación que parecen surgir del horizonte de un agujero negro como consecuencia del acoplamiento entre las fluctuaciones del vacío cuántico vecino a dicho horizonte y la intensa gravitación. Dicho efecto combina, pues, la gravitación y la física cuántica, y está caracterizado por una temperatura inversamente proporcional a la masa del agujero negro.

Radiactividad: Conjunto de procesos en los que una serie de núcleos atómicos emiten partículas o radiaciones; la radiactividad alfa consiste en la emisión de núcleos de helio —dos protones y dos neutrones—; la radiactividad beta consiste en la emisión de electrones y antineutrinos —o de antielectrones y neutrinos en la desintegración beta positiva— y la desintegración gamma consiste en la emisión de fotones muy energéticos.

Semiconductor: Material en que el intervalo de energía entre los electrones ligados, sedentarios —banda de valencia— y los electrones libres para moverse, nómadas —banda de conducción— es pocas veces mayor que la energía térmica correspondiente a la temperatura ambiente —por ejemplo, el germanio y el silicio—. Al pasar un electrón de la banda de valencia a la de conducción, queda en la banda de valencia un agujero que se comporta como una carga eléctrica positiva y contribuye al transporte de corriente. Si el intervalo de energía es mucho mayor que la energía térmica, el material es aislante; si el intervalo es muy pequeño o nulo, el material es un metal. Habitualmente, los semiconductores se dopan —se enriquecen con un cierto número de impurezas— para darles más electrones —semiconductores de tipo *n*— o más agujeros —semiconductores de tipo *p*— e incrementar así su conductividad.

Superconductor: Material cuya conductividad eléctrica es muy elevada —potencialmente infinita— por debajo de una cierta temperatura, como consecuencia de efectos cuánticos, consistentes en un movimiento conjunto coherente de sus electrones, agrupados en pares —pares de Cooper— de espín total entero.

Supercuerdas: Entidades elementales hipotéticas, en forma de cuerdas diminutas de longitud del orden de la longitud de Planck, que se mueven en un espacio de nueve dimensiones y cuyas vibraciones, cuantizadas, corresponden a las partículas que observamos en nuestro espacio tridimensional. Las seis dimensiones restantes están compactadas, es decir, enrolladas con un radio del orden de la longitud de Planck. En esas condiciones, gravitación y física cuántica pueden coexistir.

Superfluido: Líquido cuya viscosidad se hace muy pequeña —potencialmente nula— por debajo de una cierta temperatura, como consecuencia de efectos cuánticos consistentes en el movimiento conjunto coherente de sus partículas. En general, los sistemas superfluidos contienen un componente propiamente superfluido —formado por las partículas que se mueven de forma coherente— y un componente normal —formado por las demás partículas. A temperatura próxima al cero absoluto, solo hay superfluido.

Superposición: Mientras no es observado, un sistema cuántico está simultáneamente en todos sus estados posibles, aunque clásicamente sean incompatibles los unos con los otros.

Supersimetría: Simetría hipotética en que a cada fermión de las partículas elementales de la materia le correspondería un bosón, y a cada bosón intermediario de las fuerzas le correspondería un fermión. Si se cumpliera dicha simetría, las contribuciones de las unas y de las otras a la energía del vacío cuántico se cancelarían mutuamente.

Teoría cuántica de campos: Teoría cuántica en que se cuantizan no tan solo los valores de la energía y otras propiedades del sistema, sino también las interacciones físicas. Los ejemplos principales son la electrodinámica cuántica —teoría cuántica de la interacción electromagnética— y la cromodinámica cuántica —teoría de las interacciones entre las cargas de color de los quarks, que dan lugar a la interacción nuclear fuerte entre protones y neutrones, y a otros efectos—. En esta teoría, a cada interacción le corresponde una partícula intermediaria, de espín entero —los fotones en la electrodinámica cuántica, los gluones en la cromodinámica cuántica—.

Transistor: Dispositivo electrónico en que la corriente entre su entrada y su salida puede ser regulada por una señal eléctrica intermedia, lo cual permite amplificar o reducir la señal de entrada, o actuar como conmutador, permitiendo o interrumpiendo el paso de corriente. Combinaciones de transistores actúan como puertas lógicas en los ordenadores. Los circuitos integrados combinan millares o millones de transistores miniaturizados —y otros elementos— en espacios muy reducidos y con grandes potencialidades operativas.

Unificación de fuerzas: Objetivo de la física —tal vez ilusorio, pero por ahora fructífero— que aspira a hallar una ecuación única que describa las cuatro interacciones básicas conocidas —electromagnética, nuclear fuerte, nuclear débil y gravitatoria—. A energías muy elevadas, todas esas interacciones confluirían en una sola interacción —a la vez cuántica y relativista—, pero a energías bajas se manifestarían como fuerzas diferentes.

Unión pn: Unión entre un semiconductor dopado de tipo *p* —en que predominan los agujeros como portadores positivos de electricidad— y un semiconductor dopado de tipo *n* —en que predominan los electrones como portadores negativos de electricidad—. La unión *pn* es la base de diodos rectificadores y, al combinarla con la luz, es la base de diodos emisores de luz, de láseres miniaturizados y de células fotovoltaicas.

Vacío cuántico: A diferencia del vacío clásico —espacio y tiempo puros sin contenido alguno— el vacío cuántico contiene una agitación incesante de brevísimas apariciones y desapariciones de pares de partículas y antipartículas. Está caracterizado, asimismo, por una densidad de energía y por una presión negativa que aceleran la expansión del universo. Se cree, incluso, que a escalas de la longitud y el tiempo de Planck, el espacio y el tiempo —espacio-tiempo de la relatividad general— también pueden fluctuar y, tal vez, dar lugar a multitud de universos, la mayor parte de los cuales son diminutos, brevísimos e inhabitables.

Variables ocultas: Magnitudes hipotéticas no incluidas en la física cuántica que, de ser tenidas en cuenta, conducirían a una teoría determinista, haciendo que desapareciera el indeterminismo cuántico. Se ha comprobado que dichas variables ocultas no pueden existir en forma local, ya que conducirían a inconsistencias con las observaciones —por ejemplo, con las desigualdades de Bell—. Se discute, en cambio, la posibilidad de que existan variables ocultas no locales —que puedan transmitir sus efectos más rápido que la luz—, como en la teoría de Bohm.

BIBLIOGRAFÍA

La bibliografía sobre física cuántica es inmensa, por lo cual me limito a unos pocos títulos, en su mayoría recientes:

Abbott, D., Davies P. C. W. y Pati, A. K., eds., *Quantum aspects of life*, Imperial College Press, Londres, 2008.

Auletta, G., *Foundations and interpretation of quantum mechanics. A critical-historical analysis of the problems and a synthesis of the results*, World Scientific, Singapur, 2000.

—, ed., *The controversial relations between science and philosophy: new opportunities for a fruitful dialogue*, Libreria Editrice Vaticana, Vaticano, 2008.

Barrow, J. D., *Las constantes de la física*, Crítica, Barcelona, 2005.

Bell, J. S., *Lo decible y lo indecible en mecánica cuántica*, Alianza Universidad, Madrid, 1990.

Bohr, N., *La teoría atómica y la descripción de la naturaleza*, Alianza Universidad, Madrid.

Brisson, L. y Mayerstein, F. W., *Puissance et limites de la raison*, Les Belles Lettres, París, 1995.

Brush, S. G., *Statistical Physics and the atomic theory of matter*, Princeton University Press, Princeton, 1983.

Cassé, M., *Du vide et de la création*, Odile Jacob, París, 1986.

Close, F., *La cebolla cósmica*, Crítica, Barcelona, 1988.

Davies, P. C. W. y Brown, J. R., *El espíritu en el átomo. Una discusión sobre los misterios de la física cuántica*, Alianza editorial, Madrid, 1989.

D'Espagnat, B., *En busca de lo real*, Alianza Universidad, Madrid, 1983.
Einstein, A. y Infeld, L., *La evolución de la física*, Salvat, Barcelona, 1995.
Fernández-Vidal, S., *La puerta de los tres cerrojos*, La Galera, Barcelona, 2010.
—, *Quantic Love*, La Galera, Barcelona, 2012.
Ferrer, A., *La Biblia de Oro. La Biblia de la época cuántica*, Evana, Barcelona, 2005.
Feynman, R. P., Leighton, R. B. y Sands, M., *The Feynman lectures on Physics* (volumen 3), Addison-Wesley, Reading Mass., 1964.
Feynman, R. P. y Weinberg, S., *Las partículas elementales y las leyes de la física*, Gedisa, Barcelona, 1991.
Folse, H. J., *The philosophy of Niels Bohr. The framework of complementarity*, North Holland, Amsterdam, 1985.
Forman, P., *Cultura en Weimar: causalidad y teoría cuántica, 1918-1927*, Alianza Universidad, Madrid, 1984.
Gell-Mann, M., *El quark y el jaguar. Aventuras entre lo simple y lo complejo*, Tusquets, Barcelona, 1995.
Glashow, S. L., *Interacciones. Una visión del mundo desde el «encanto» de los átomos*, Metatemas, Tusquets, Barcelona, 1994.
Greene, B., *El universo elegante. Supercuerdas, dimensiones ocultas y la búsqueda de una teoría definitiva*, Crítica, Barcelona, 2001.
—, *El tejido del cosmos. Espacio, tiempo y textura de la realidad*, Crítica, Barcelona, 2006.
Gribbin, J., *En busca de SUSY. Supersimetría, cuerdas y la teoría de todo*, Crítica, Barcelona, 2006.
Hawking, S. W., *Historia del tiempo. Del Big Bang a los agujeros negros*, Crítica, Barcelona, 2005.
—, *El gran diseño*, Crítica, Barcelona, 2011.
Holton, G., *Ensayos sobre el pensamiento científico en la época de Einstein*, Alianza Universidad, Madrid, 1982.
—, *Introducción a los conceptos y teorías de las ciencias físicas*, Reverté, Barcelona, 1984.
Jou, D., *El laberint del temps, la simfonia de la matèria*, Viena, Barcelona, 2006.

—, *Reescribiendo el Génesis. De la gloria de Dios al sabotaje del universo*, Destino, Barcelona, 2008.

—, *Cerebro y universo. Dos cosmologías*, Publicacions de la Universitat Autònoma de Barcelona, Bellaterra, 2011.

Klein, E., *Conversations avec le sphinx. Les paradoxes en physique*, Albin Michel, París, 1991.

—, *Petit voyage dans le monde des quanta*, Flammarion, París, 2004.

Kuhn, T. S., *La teoría del cuerpo negro y la discontinuidad cuántica, 1894-1912*, Alianza Universidad, Madrid, 1980.

Lapiedra, R., *Els dèficits de la realitat i la creació del món*, Publicacions de la Universitat de València, Valencia, 2004.

Le Bellac, M., *Le monde quantique*, EDP Sciences, París, 2010.

Lochak, G., Diner, S. y Fargue, D., *L'objet quantique. Comment l'esprit vient aux atomes*, Flammarion, París, 1989.

Lloyd, S., *Programming the universe*, Vintage Books, Nueva York, 2007.

Mansfield, V., *Tibetan Buddhism and Modern Physics: toward a union of love and knowledge*, Templeton Foundation Press, 2008.

Ortoli, S. y Pharabod, J. P., *El cántico de la cuántica ¿Existe el mundo?*, Gedisa, Barcelona, 1987.

Pais, A., *Inward bound. Of matter and forces in the physical world*, Oxford University Press, Oxford, 1986.

Penrose, R., *Las sombras de la mente. Hacia una comprensión científica de la consciencia*, Crítica, Barcelona, 2007.

Pickover, C. A., *El libro de la física. Del big bang hasta la resurrección cuántica. 250 hitos de la historia de la Física*, Librero, Kerkdriel (Holanda), 2011.

Polkinghorne, J., *The quantum World*, Princeton University Press, Princeton, 1984.

Randall, L., *Universos ocultos*, Acantilado, Barcelona, 2011.

Reeves, H., *La première seconde*, Seuil, París, 1995.

Ribas, A., *Biografía del vacío*, Destino, Barcelona, 1997.

Sánchez Ron, J. M., *Historia de la física cuántica*, Crítica, Barcelona, 2001.

Selleri, F., *Física sin dogma*, Alianza Universidad, Madrid, 1994.

Stapp, H. P., *Matter, mind and quantum mechanics*, Springer, Nueva York, 1993.

Susskind, L., *La guerra de los agujeros negros. Una controversia científica sobre las leyes últimas de la naturaleza*, Crítica, Barcelona, 2009.

Talbot, J., *Misticismo y física moderna*, Kairós, Barcelona, 1985.

Weinberg, S., *Los tres primeros minutos del universo*, Alianza Universidad, Madrid, 1978.

Weisskopf, V. F., *La física en el siglo XX*, Alianza Universidad, Madrid, 1990.

Wilber, K., ed., *El paradigma holográfico. Una exploración en las fronteras de la ciencia*, Kairós, Barcelona, 1987.

Wilczek, F., *La ligereza del ser. Masa, éter y unificación de las fuerzas*, Crítica, Barcelona, 2009.

Ynduráin, F. J., *Electrones, neutrinos y quarks. La física de partículas ante el nuevo milenio*, Crítica, Barcelona, 2001.

Zohar, D., *La conciencia cuántica*, Plaza Janés, Barcelona, 1990.

ÍNDICE

PASADO & PRESENTE

Primera edición: marzo de 2012
Segunda edición, actualizada: mayo de 2013
Tercera edición: octubre de 2013
Cuarta edición: febrero de 2018
Quinta edición: junio de 2020
Sexta edición: mayo de 2024

Mallorca, 237 bis, principal 1B, 08008 Barcelona
ediciones@pasadopresente.com

Esta edición de *Introducción al mundo cuántico* ha sido compuesta en tipos Fournier y Gonzalo Pontón ha realizado la corrección de pruebas. Se ha impreso sobre papel marfil de 80 g y encuadernado en Gráficas Rey. El 28 de mayo de 2024 fue puesta a la venta a través de la distribuidora UDL.

ISBN: 978-84-939863-1-5

Depósito legal: B. 10.656-2012